次世代二次電池の開発動向、課題、将来展望

監修：棟方 裕一 / 金村 聖志

刊行にあたって

東京都立大学
棟方 裕一

　リチウムイオン電池の先にはどんな電池が待っているのか、本書は、そんな疑問に答えるべく、各次世代二次電池の可能性と最新の研究開発状況を解説したものです。脱化石燃料へ向けて電池の利用が拡大する中、その用途も年々、多様化しています。エネルギー密度や入出力特性、安全性といった従来から着目されてきた電池特性だけでなく、動作温度範囲や元素戦略などの新しい観点が重視される用途も広がっています。

　本書は、それらの新しい用途への電池の展開も踏まえ、各次世代二次電池のどこが優れているのか、どこが革新的なのかを具体的、かつ分かりやすく執筆することを心がけました。電池の研究開発に携わる方々だけでなく、学生や一般の方々にも本書が役立つことを執筆者一同、期待しております。

執筆者紹介

──── 第1章 ────

棟方　裕一　東京都立大学　都市環境学部　環境応用化学科　助教
金村　聖志　東京都立大学　都市環境学部　環境応用化学科　教授

──── 第2章 ────

第1節

加藤　尚之　株式会社AndTech　技術顧問

第2節

山田　將之　マクセル株式会社　エナジー事業本部　電池事業部　開発部　部長　工学博士

古川　一揮　マクセル株式会社　エナジー事業本部　電池事業部　開発部

第3節

東　　昇　倉敷紡績株式会社　技術研究所　主任研究員　理学博士

──── 第3章 ────

第1節

藪内　直明　横浜国立大学 工学研究院　教授　博士（工学）

執筆者紹介

第2節

マセセ タイタス　　　　国立研究開発法人産業技術総合研究所 主任研究員
　　　　　　　　　　　博士（人間・環境学）

カニョロ ゴドゥウィリ ビティ　国立大学法人電気通信大学 研究員 工学博士

第3節

津田　哲哉　　大阪大学　大学院工学研究科　応用化学専攻　准教授
　　　　　　　博士（エネルギー科学）

第4節

石原　達己　　九州大学　カーボンニュートラル・エネルギー国際研究所
　　　　　　　教授　工学博士

第5節

Dr Adrien Amigues　OXIS Energy Ltd.

第6節

松田　翔一　　物質・材料研究機構　主任研究員　博士（工学）

―――― 第4章 ――――

第1節

石川　哲浩　　Riverstone 技術研究所　代表　博士（工学）　神奈川工科大学
　　　　　　　特別客員教授兼務　株式会社 AndTech　技術顧問

目 次

第1章　次世代二次電池の技術的潮流と将来展望　　001

東京都立大学　棟方 裕一、 金村 聖志

はじめに　　002
1. 電池の進化と発展　　002
2. 新規電解質の探索と応用　　005
 2.1　難燃性電解液　　005
 2.2　固体電解質　　006
 2.3　複合電解質の設計と適用　　009
 2.4　電池の構造化　　010
3. 革新電池を担う金属負極　　011
 3.1　リチウム金属負極の利用　　011
 3.2　ナトリウム金属負極の利用　　015
 3.3　多価金属負極の利用　　016
おわりに　　017

第2章　全固体二次電池の開発動向　　021

第1節　全固体二次電池および次世代二次電池の開発動向　　022

株式会社 AndTech　技術顧問　加藤 尚之

はじめに　　022
1. リチウムイオン電池　　024
 1.1　全固体二次電池　　024
  （1）太陽誘電　　025

- (2) 村田製作所 　025
- (3) FDK 　025
- (4) TDK 　026
- (5) 出光興産 　027
- (6) 三井金属，マクセル 　028
- (7) 日立造船 　028
- (8) 日本触媒 　029
- (9) SAMSUNG 　030

1.2 擬似固体二次電池 　031
- (1) 三洋化成工業 　031
- (2) 京セラ 　032
- (3) imec 　032

1.3 リチウムイオン電池の新技術 　033
- (1) 加圧電解プレドープ技術の開発（東京大学　西原研） 　033
- (2) リチウムイオン電池向け多機能溶媒の開発（東京大学） 　034
- (3) リチウムイオン電池で安全性を高める次世代セパレータ 　035
  （山形大、日本バイリーン、大阪ソーダ）

2. 次世代電池 　036
2.1 カリウムイオン電池 　036
2.2 ナトリウムイオン電池 　037
2.3 アルミニウムアニオン電池 　037
2.4 Fイオン二次電池 　038

3. 革新電池 　038
3.1 Li-硫黄電池 　039
- (1) OXIS ENERGY 　039
- (2) ポリスルフィド難溶性電解液を用いたLi-S電池の高エネルギー密度化 　039
  （横浜国大　渡邊研）
- (3) 従来の電池容量を凌駕するリチウム硫黄電池の開発及び全固体電池化へ 　040
  の挑戦（工学院大）

3.2 金属空気電池 　040
- (1) リチウム空気電池 　040

おわりに 　041

第2節　硫化物系固体電解質を用いたコイン形全固体電池　044

マクセル株式会社　山田 將之、古川 一揮

044

はじめに	045
1. アルジロダイト型固体電解質	047
2. アルジロダイト型固体電解質を用いた全固体電池	050
3. まとめと今後の展開	

052

第3節　フィルム形状リチウムイオン二次電池

倉敷紡績株式会社　東 昇

052

はじめに	052
1. フィルム電池の開発	052
1.1　フィルム電池とは	051
1.2　フィルム電池の基本特性と課題	056
2. フィルム電池の実用性評価	056
2.1　フィルム電池の安全性と太陽電池接続評価	056
2.2　フィルム電池の出力特性評価	058
2.3　フィルム電池のアプリケーション例	058
2.4　競合状況からみるフィルム電池の特徴比較	059
おわりに	

第3章　次世代型二次電池の開発動向　　　　　　　　　　061

第1節　ナトリウムイオン電池用層状酸化物の研究開発　　　062

横浜国立大学　藪内 直明

はじめに	062
1. マンガン系層状正極材料	062
2. チタン系層状負極材料	066
おわりに	068

第2節　カリウムイオン二次電池用高電圧正極材料の開発　　070

国立研究開発法人産業技術総合研究所　マセセ　タイタス
国立大学法人電気通信大学　カニョロ ゴドゥウィリ ビティ

はじめに	070
1. カリウムイオン二次電池正極材料群の開発	070
1.1　有機系正極材料	071
1.2　プルシアンブルー系正極材料	072
1.3　ポリアニオン系正極材料	072
1.4　層状型正極材料	073
2. 高電位層状型正極材料の開発	073
2.1　ハニカム層状型正極材料の結晶構造	073
2.2　ハニカム層状型正極材料（一例）の電極特性	074
3. 高圧系カリウムイオン二次電池の創製	075
3.1　候補電極材料の選定	075
3.2　電解質の選定	076
おわりに	077

第3節　アルミニウムアニオン電池　　　　　　　　　　　　　　　　　　　　　　　080

大阪大学　津田 哲哉

はじめに	080
1. アルミニウムアニオン電池用電解液	080
2. アルミニウム金属負極	083
3. アルミニウムアニオン電池用正極	085
3.1　グラファイト系正極	085
3.2　酸化物・硫化物系正極	088
3.3　硫黄系正極	089
おわりに	091

第4節　亜鉛―空気二次電池　　　　　　　　　　　　　　　　　　　　　　　094

九州大学　石原 達己

はじめに	094
1. 亜鉛―空気電池の原理と課題	095
2. メソ構造を有する酸化物の空気極触媒への応用による繰り返し特性向上	096
3. 今後の課題と展望	101

第5節　リチウム硫黄電池の興隆　　　　　　　　　　　　　　　　　　　　　　102

OXIS Energy Ltd.　Dr Adrien Amigues

はじめに	102
1. リチウム硫黄電池の組成	104
2. 将来の発展のための難問	105
2.1　サイクル寿命	105
2.2　容積エネルギー密度	106

おわりに	*107*
原文（英文）	*110*

第6節　リチウム空気二次電池　*118*

物質・材料研究機構　松田 翔一

はじめに	*118*
1. 高エネルギー密度セル設計とサイクル寿命を決める支配因子	*118*
1.1　高エネルギー密度なリチウム空気電池のセル設計	*118*
1.2　サイクル数を支配する主要因子の解明	*119*
2. サイクル数向上を実現する新規電解液の開発	*120*
2.1　酸素正極に関する課題	*120*
2.2　金属リチウム負極に関する課題	*122*
2.3　正極・負極双方の反応を両立する電解液設計	*122*
3. サイクル数向上を実現する新技術の開発	*123*
3.1　多孔性カーボン正極への電解液注液技術	*123*
3.2　リチウム負極の体積変化を緩和する3次元マトリックス	*125*
おわりに	*126*

第4章　次世代型二次電池の車載応用の現状と課題　*129*

第1節　次世代型二次電池（電力貯蔵装置）及びシステムの車載応用の現状と課題　*130*

神奈川工科大学　石川 哲浩

はじめに	*130*
1. 車両用二次電池の歴史	*131*
2. 車載電池（電力貯蔵装置）への要求性能	*131*
3. 現状の電池（電力貯蔵装置）性能	*135*
4. 次世代二次電池（電力貯蔵装置）の現状と課題	*138*

第1章
次世代二次電池の技術的潮流と将来展望

第1章　次世代二次電池の技術的潮流と将来展望

次世代二次電池の技術的潮流と将来展望

東京都立大学　棟方 裕一
東京都立大学　金村 聖志

はじめに

　持続可能な社会の実現へ向けて、エネルギー利用の効率化はもちろん、化石燃料から再生可能エネルギーの利用を中心とする社会への転換が図られている。これらを具現化する上で、より高性能な二次電池が求められている。既に多くの分野でリチウムイオン電池が活用されているが、すべての用途に必ずしもリチウムイオン電池が適しているわけではなく、他に適した電池がないために用いられていることもある。エネルギー密度、入出力特性、安全性、耐熱性、元素戦略など、様々な観点で電池を考えると、より適した電池が見つかるかもしれない。ここでは次世代の二次電池として研究開発が進められている各種の革新電池について、開発状況や課題、将来展望を述べ、未来の二次電池の可能性を探る。

1　電池の進化と発展

　これまでに様々な種類の電池が開発されている。使い切りの電池は一次電池と呼ばれ、かつては大半がこの種類の電池であったが、現在は充電して繰り返し使用できる二次電池の利用が広がっている。図1に代表的な二次電池とそれらのエネルギー密度を示す。横軸に重量あたりのエネルギー密度、縦軸に体積当たりのエネルギー密度を取ったものである。同じ量の電気エネルギーを蓄える場合、図中で右側にあればあるほど軽量で、上側にあればあるほど小型な電池ということになる。リチウムイオン電池は、他の二次電池に比べて重量および体積当たりのエネルギー密度が高いことから、利便性に優れ、現在最も広く用いられている二次電池である。この優れたエネルギー密度は有機電解液の利用に基づいている。有機電解液は、鉛蓄電池やニッケル水素電池で使用されている水系電解液に比べ、電気化学的に安定である。そのため、より高い作動電位を有する正極材料とより低い作動電位を有する負極材料を組み合わせて電池を構成することが可能である。このことがリチウムイオン電池の4Vに近い大きな電圧を実現している。また、充放電反応が正極および負極へのリチウムイオンの挿入脱離で進行するため、電解液はリチウムイオンの通り道としてのみ機能し、基本的に充放電反応で消費されることはない。そのため、電解液の量を最小限に抑えることができる。このことも高いエネルギー密度に貢献している。リチウムイオン電池のエネルギー密度は年々高められ、現在その値は開発当初に比べて体積当たり重量当たりの両方において2倍を超えている（図2）。[1] エネルギー密度

第1章　次世代二次電池の技術的潮流と将来展望

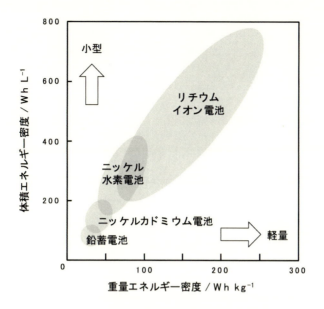

図1　代表的な二次電池のエネルギー密度

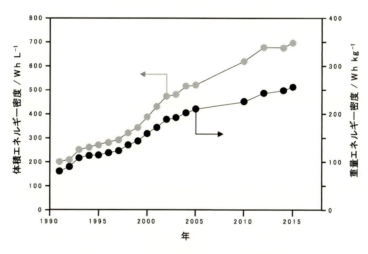

図2　リチウムイオン電池のエネルギー密度の変遷
（参考文献1を元に作図）

の向上は電気エネルギーの可搬性を高め、ノート型パソコンやスマートフォンに代表される各種電子機器の高性能化だけでなく、ドローンやウェアラブル機器などの新しい電子機器の出現にも貢献している。近年は、電気自動車や電力の平準化を担うスマートグリッドへの応用が進み、電子機器の利便性の向上だけでなく、二酸化炭素の排出量削減を担う環境デバイスとしての役割も大きくなっている。欧州を中心としたエンジン車に対する規制の強化から、電気自動車用途への応用は、今後、さらに加速されるものと考えられる。しかし、遷移金属酸化物正極

と黒鉛負極を用いた現在のリチウムイオン電池はエネルギー密度の限界を迎えている。電極の圧密化やパッケージ技術の改善でさらなる向上を図ることは難しい。したがって、さらに高まるエネルギー密度への要求に応えるためには、リチウムイオン電池の電極活物質をより容量密度の大きなものに置き換えなければならない。あるいは、これまでの構成とは異なる新しい電池系の創製が必要になる。

電池の性能を判断する代表的な指標としてエネルギー密度の他に、入出力特性、安全性、寿命が挙げられる。また、電池の性能そのものではないが、コストも電池の善し悪しを決定する重要な因子である。各項目は互いに関係しており、項目間によって正の相関もあれば負の相関もある。どの項目が優先されるかは電池の用途によって大きく異なる。例えば、ウェアラブル機器での使用には、安全性が大きなウェイトを占める。特に医療用途では、その要求は大変厳しいものとなる。水系電解液を用いたニッケル水素電池は比較的安全であるが、エネルギー密度が低いことが問題である。リチウムイオン電池の優れたエネルギー密度を享受しながら安全性を確保するためには、可燃性の有機電解液を難燃性あるいは不燃性の電解質材料へ置き換える必要がある。イオン液体や固体電解質の適用はこういった要求に応える一つの解といえる。実際、心臓用のペースメーカーに用いられているヨウ素リチウム電池は一次電池であるが、固体電解質を用いた全固体電池である。一方、電気自動車用途では、すべての項目に高い性能が要求される。とりわけ、走行可能距離に直結するエネルギー密度は重要で、一回の充電で 500 km の走行を想定すると、重量あたりで 500 Wh kg^{-1}、体積当たりで 1000 Wh L^{-1} を超えるエネルギー密度が必要となる。リチウムイオン電池の延長上ではこれらの値を実現することは困難である。現状のリチウムイオン電池で用いられている正極材料の容量密度は 150 mA h g^{-1} 程度であり、負極材料の容量密度は 370 mA h g^{-1} 程度である。正極に容量密度が 200 mA h g^{-1} を超えるリチウム過剰固溶体材料やニッケル含有量の多い三元系材料を用い、負極に容量密度が 1000 mA h g^{-1} を超える合金系材料を適用できれば、400 Wh kg^{-1} を超えるエネルギー密度が期待されるものの、電気自動車用途の要望には到達しない。したがって、いわゆる革新電池と呼ばれる新しい電池系の実現が必要になる。

各革新電池で期待されるエネルギー密度を図3に示す。[2] いずれの電池系でもリチウムイオン電池の2倍以上のエネルギー密度が見込まれている。ただし、ここで示したエネルギー密度は活物質ベースの値であり、集電体や電池ケースなどの部材の影響は考慮されていない。最終的な電池としての姿が明確になっていないものもあるため、そのような指標での比較となっている。リチウムイオン電池と類似の構成となるのであれば、半分程度の値が実際の電池で実現できると推察される。各革新電池には、優れたエネルギー密度に加えて、正極に安価な硫黄を用いるリチウム硫黄二次電池であれば材料コストを抑えられ、不燃性の固体電解質を用いる全固体電池であれば安全性を高められるというそれぞれの特徴がある。一方、共通している点として、金属負極の利用が挙げられる。このことは、革新電池におけるキー技術の一つが金属負極の利用にあることを意味している。既にリチウム金属負極を用いた革新電池については多くの研究プロジェクトが進められており、共通技術の確立を目指した横断的な検討が展開されている。

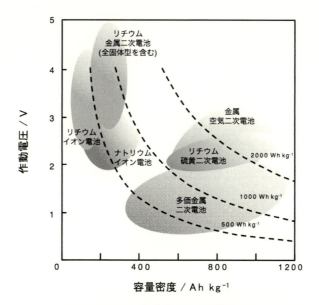

図3 次世代二次電池で期待される重量エネルギー密度
（参考文献2を元に作図、電極活物質のみで試算）

2 新規電解質の探索と応用

2.1 難燃性電解液

　有機電解液の利用は、電池のエネルギー密度を高める上で大きなメリットになっている。しかし、可燃性の有機溶媒を含むため、安全性を損なう要因ともなっている。実際、リチウムイオン電池の発火事故がこれまでに多数報告されている。電池に何らかの不良が生じて内部で短絡が起こると、電池内に蓄えられた電気エネルギーが熱エネルギーとして放出される。その際に有機溶媒が気化して、そのような事故が起こるのである。そのため、リチウムイオン電池には様々な安全対策が施されている。例えば、電池の状態を把握・管理する安全装置である。過充電や過放電から電池を守る保護回路や短絡時に流れる大きな電流を検知して電流を遮断する保護回路などが挙げられる。電池部材自体の改良も進められており、正極-負極間に配置されるセパレータへの無機粒子のコーティングは電池の短絡防止に大きな効果を発揮している。[3] しかし、可燃性の有機電解液を使用する限り、安全上の問題を根本的に解決すること不可能である。そのため、電解液そのものを改良する検討が近年活発に進められている。難燃性のイオン液体系電解液に関する検討は特に活発であり、イオン液体とリチウム塩の様々な組み合わせが検証されている(表1)。[4] 現在のリチウムイオン電池は45℃以下の周囲温度で使用するよう推奨されている。この温度以上の環境で電池の充放電、あるいは保存を行うと、電池が加速

表1 リチウムイオン電池へのイオン液体系電解液の適用例

電池の構成(負極/正極)	イオン液体系電解液の構成	参考文献
C/LiCoO$_2$	1 mol dm^{-3} LiPF$_6$ in [EtMeIm$^+$][NTf$_2^-$] + 5 wt% VC	5
	0.9 mol dm^{-3} Li[NTf$_2^-$] in [Et$_2$MeMeON$^+$][NTf$_2^-$] + 10 wt% VC	6
	10 wt% [BuMe$_2$Im$^+$][PF$_6^-$] + 1 mol dm^{-3} LiPF$_6$ in PC	7
C/Li$_4$Ti$_5$O$_{12}$	1 mol dm^{-3} Li[NTf$_2^-$] in [EtMeIm$^+$][NTf$_2^-$] + 10 wt% VC	8
Li$_4$Ti$_5$O$_{12}$/LiCoO$_2$	1 mol dm^{-3} Li[NTf$_2^-$] in [EtMeIm$^+$][NTf$_2^-$]	9
	1 mol dm^{-3} Li[BF$_4^-$] in [EtMeIm$^+$][BF$_4^-$]	9
Li/LiMn$_2$O$_4$	1 mol dm^{-3} Li[NTf$_2^-$] in [Me$_3$HexN$^+$][NTf$_2^-$]	10
Li/LiNi$_{0.5}$Mn$_{1.5}$O$_4$	1 mol dm^{-3} Li[BF$_4^-$] in [EtMeIm$^+$][BF$_4^-$]	11
	1 mol dm^{-3} Li[BF$_4^-$] in [BuMeIm$^+$][BF$_4^-$]	11
Li/LiFePO$_4$	0.5 mol dm^{-3} Li[NTf$_2^-$] in Various cations, [NTf$_2^-$]	12
	0.2 mol kg^{-1} Li[NTf$_2^-$] in [BuEtPyrrol$^+$][NTf$_2^-$]	13

[EtMeIm$^+$]: 1-Ethyl-3-methylimidazolium cation
[BuMeIm$^+$]: 1-Butyl-3-methylimidazolium cation
[Et$_2$MeMeON$^+$]: N,N,-diethyl-N-methyl-N-(2-methoxyethyl)ammonium cation
[BuMe$_2$Im$^+$]: 1,2-Dimethyl-3-butylimidazolium cation
[Me$_3$HexN$^+$]: Trimethylhexylammonium cation
[BuEtPyrrol$^+$]: N-n-butyl-N-ethylpyrrolidinium cation
[NTf$_2^-$]: Bis(trifluoromethanesulfonyl)imide anion
VC: Vinylene carbonate
PC: Propylene carbonate

的に劣化する。一方、イオン液体系の電解液を用いた電池では、100°Cを超える温度域においても、可逆性に優れた充放電が可能なことが報告されている。[14-15)] また、現行の有機電解液の延長にあるものの、非常に興味深い特性が発現される電解液系として高濃度電解液が注目されている。[16)] リチウムイオン電池で一般的に用いられている有機電解液では、イオン伝導性が最大となる1 mol dm^{-3}付近に塩濃度が設定されている。それに対して、高濃度電解液の塩濃度は3 mol dm^{-3}を超える。この濃度領域に達するとすべての溶媒分子がリチウムイオンに配位した状態、さらにはアニオンも含めたネットワーク構造を形成して存在する。すなわち、未配位のフリーの溶媒分子が存在しなくなる。その結果、有機溶媒が揮発しにくく、電解液が難燃化する。さらには、電気化学的な安定性、いわゆる電位窓も広がることから、より高電位の正極材料やより低電位の負極材料を用いた電池の構成が可能になる。しかし、これらの新規電解液は概ね粘度が高く、多孔質電極やセパレータの空隙へ浸透しにくいことが問題である。イオン伝導性も有機電解液に比べて一桁ほど低く、電池として十分な入出力特性を得るためにはさらなる改良が求められる。

2.2 固体電解質

優れた安全性の実現へ向け、固体電解質の利用も活発に進められている。固体電解質を用いた電池は、電極も電解質も固体となるため全固体電池と呼ばれる。ここで述べる固体電解質とは、主に無機材料から構成される電解質を指している。有機電解液をゲル化したもの、あるいは可塑剤を含まない高分子基材に塩を溶解させたものも固体電解質に分類されるが、それらは有機物であり可燃性である。リチウムイオン電池で用いられているポリマー電解質とは、前者

表2 代表的な固体電解質

組成	イオン伝導性 / S cm^{-1}	参考文献
硫化物系		
Li$_{10}$GeP$_2$S$_{12}$ (crystal)	1.2 x 10^{-2} at R.T.	17
Li$_{9.54}$Si$_{1.74}$P$_{1.44}$S$_{11.7}$Cl$_{0.3}$ (crystal)	2.5 x 10^{-2} at 25 ºC	18
Li$_{3.25}$Ge$_{0.25}$P$_{0.75}$S$_4$ (crystal: thio-LISICON)	2.2 x 10^{-3} at 25 ºC	19
0.03Li$_3$PO$_4$-0.59Li$_2$S-0.38SiS$_2$ (glass)	6.9 x 10^{-4} at R.T.	20
Li$_7$P$_3$S$_{11}$ (glass-ceramic)	1.7 x 10^{-2} at R.T.	21
Li$_6$PS$_5$Cl (crystal: argyrodite)	1.3 x 10^{-3} at R.T.	22
酸化物系		
Li$_{0.34}$La$_{0.51}$TiO$_3$ (crystal: perovskite)	1 x 10^{-3} at R.T.	23
Li$_{1.3}$Al$_{0.3}$Ti$_{1.7}$(PO$_4$)$_3$ (crystal: NASICON)	7 x 10^{-4} at 25 ºC	24
Li$_7$La$_3$Zr$_2$O$_{12}$ (crystal: garnet)	3 x 10^{-4} at 25 ºC	25
Li$_6$BaLa$_2$Ta$_2$O$_{12}$ (crystal: garnet)	4 x 10^{-5} at 22 ºC	26
Li$_{2.9}$PO$_{3.3}$N$_{0.46}$ (LIPON) (glass)	2 x 10^{-6} at 25 ºC	27
50Li$_4$SiO$_4$-50Li$_3$BO$_3$ (glass)	4 x 10^{-6} at 25 ºC	28
Li$_2$O-Al$_2$O$_3$-SiO$_2$-P$_2$O$_5$-TiO$_2$-GeO$_2$ (glass-ceramic)	1 x 10^{-4} at 25 ºC	29
Li$_{1.5}$Al$_{0.5}$Ge$_{1.5}$(PO$_4$)$_3$ (glass-ceramic)	2.4 x 10^{-4} at R.T.	30

*R.T. room temperature

の有機電解液をゲル化したものに該当する。表2に代表的な固体電解質を示す。無機系の固体電解質は、硫化物系と酸化物系の材料に大別される。いずれにも結晶性材料の他にガラス系と結晶化ガラス系の材料がある。前述のイオン液体系電解液も含めて、電解液中では電池反応に関係するイオン以外も伝導する。つまり、イオン伝導性とは、カチオンとアニオンのイオン伝導性の総和を意味する。そのため、目的イオンの伝導性を判断するためには別の指標が必要となる。この指標は輸率と呼ばれ、全イオン中の目的イオンの伝導比率を表す。リチウムイオン電池で使用されている電解液のイオン伝導性は概ね1 x 10^{-2} S cm^{-1}である。しかし、リチウムイオン輸率は高いものでも0.4程度であることから、実効値として働くリチウムイオン伝導性は一桁小さな値となる。一方、固体電解質のリチウムイオン輸率はほぼ1である。つまり、イオン伝導性がそのままリチウムイオンの伝導性として働くのである。表2に示したように、硫化物系の固体電解質にはイオン伝導性が10^{-2} S cm^{-1}台にあるものも多い。中でもリチウム、ゲルマニウム、リン、硫黄からなる硫化物固体電解質LGPSは2011年に報告された新しい固体電解質であり、その後の高リチウムイオン伝導体の開発につながっている。[17] これまでにゲルマニウムがシリコンで置換されたLi$_{9.54}$Si$_{1.74}$P$_{1.44}$S$_{11.7}$Cl$_{0.3}$において、室温で2.5 x 10^{-2} S cm^{-1}という非常に高いイオン伝導性が実現されている。[18] このようなイオン伝導性の高い固体電解質を用いれば、現行のリチウムイオン電池を凌駕する入出力特性の実現が原理的に可能である。固体であるが比較的柔らかい点も硫化物固体電解質の特徴である。この特徴は加圧成形による電池の作製に活かされている。しかし、硫化物固体電解質には弱点もある。化学的安定性の低

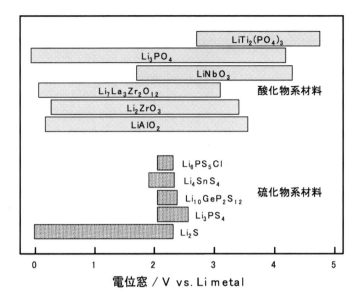

図4 硫化物および酸化物系材料の電気化学安定性(計算機シミュレーションによる導出)
(参考文献31を元に作図)

さである。改善が進められているものの、大気中の水分と反応して硫化水素が発生する点には大きな懸念がある。図4は計算機シミュレーションから求められた各固体電解質の電気化学安定性(電位窓)である。[31] 化学的安定性は電位窓の広さにも反映されており、硫化物固体電解質の電位窓はあまり広くないことが分かる。実際、硫化物固体電解質 $Li_2S-P_2S_5$ を用いた全固体電池では、反応を抑制するための中間層として $LiNbO_3$ 等のコーティングが正極活物質に施される。[32] 一方、酸化物固体電解質は、硫化物系固体電解質に比べてイオン伝導性に劣るものの、化学的安定性に優れる材料である。$Li_{2.9}PO_{3.3}N_{0.46}$ (LIPON)を用いた全固体電池は古くから検討されており、実用化されたものもある(図5)。電解質層の実抵抗は材料のイオン伝導性だけでなくその厚みにも依存する。したがってイオン伝導性がさほど高くなくとも薄膜の形成が可能であれば、実用的な電解質層として成立するのである。LIPONを用いた検討が多いのは、Li_3PO_4 を窒素雰囲気下でスパッタリングすることで容易に薄膜が得られることにある。[27] しかし、スパッタリング法などの気相法はコストが高く、電池の価格が高くなってしまう。

図5 リン酸リチウムオキシナイトライドガラス(LIPON)を用いた全固体電池

また、電極内へ固体電解質を導入することが困難なため、電極も薄膜で形成せざるを得ず、容量の小さな電池しか得ることができない問題がある。実用レベルのエネルギー密度を想定すると、全固体電池であっても 50 μm 程度の厚みが電極に要求される。電池の内部抵抗を考えると、電解質層は薄ければ薄い方が好ましいが、機械的強度との兼ね合いがあり、10^{-3} S cm^{-1} 台のイオン伝導性を有する固体電解質を想定すれば、リチウムイオン電池のセパレータと同じ 20 μm 程度の厚みまでが許容範囲となる。酸化物固体電解質は機械的強度に優れるが、そのような厚みで再現性良く成膜するためには、材料と手法の両方に大きな制限がある。電極との複合化も良く検討しなければならない。酸化物系固体電解質は剛直で加圧成形による電極活物質との複合化が難しい。しかし、化学的安定性に優れるため、単純なセラミックプロセスである加熱焼結を適用できる(図6)。[33-35] ただし、処理温度によっては電極活物質と反応してしまうため、焼結温度の低温化を含め、より汎用性の高い手法の確立が求められる。

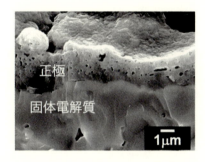

図6　加熱焼結された $Li_{0.35}La_{0.557}TiO_3$ 固体電解質と $LiMn_2O_4$ 正極の断面

2.3　複合電解質の設計と適用

固体電解質の利用は、電池の安全性を大きく高める。それと共に電池を使用できる温度域を拡大する。しかし、すべての用途でそのような高い安全性や温度範囲の拡大が必要とされるわけではない。固体電解質や全固体電池の作製方法についてもまだ検討すべき課題が多く残る中、第三の電解質として複合電解質が注目されている。[36-38] 固体電解質粒子、バインダー、イオン液体等からなる複合電解質である(図7)。擬固体電解質とも呼ばれる。材料の選択にもよるが、難燃性で 200 °C 程度まで安定に利用できるのが特徴である。各材料を含むスラリーを塗工・乾燥すれば良いため、一般的な塗工成膜プロセスを用いることができる。この方法であれば、生産性が高く、薄膜化も容易である。バインダーとイオン液体の親和性が高ければ、バインダーがゲル化した状態となり、強い力でプレスされてもイオン液体がしみ出すことはない。このことからプレスによって正極層と負極層を貼り付けて電池を作製する方法が検討されている。ただし、複合電解質シートには流動性がないため、正極層と負極層にリチウムイオン伝導性を付与する工夫が必要である。例えば、複合電解質と同様の設計で、電極層へイオン液体を少量添加する方法が提案されている。

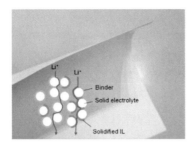

図7 固体電解質粒子、バインダー、イオン液体からなるフレキシブルな擬固体電解質シート

2.4 電池の構造化

　複合電解質も含め、電解質層が固体化され流動性がなくなると、新しい構造で電池を構築できる。一例を図8に示す。この構造はバイポーラ構造と呼ばれ、正極層・電解質層・負極層からなる単セルが積層されたものである。[39] このような構造を取ると、電池が高電圧化されるだけでなく、エネルギー密度が大幅に向上する。電解液を用いた電池でも、単セルを直列に連結することで高電圧を実現できるが、各単セルは個別に包装されていなければならない。一方、固体電解質を用いた電池では電解質が流動しないため、単セルをそのまま積層できる。その結果、電池全体に占める集電体や包装部分の割合を大幅に減らすことができる。冒頭で述べたリチウムイオン電池のエネルギー密度の向上は、このようなパッケージ技術の進歩によって成されたものであり、既にその有効性が実証されている。5 V級の正極と後述するリチウム金属負極を用いてバイポーラ電池を構成すれば、重量当たり500 Wh kg^{-1}、体積当たり1000 Wh L^{-1}のエネルギー密度が期待される。

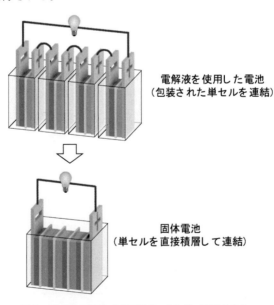

図8 バイポーラ化による電池のエネルギー密度の向上

3 革新電池を担う金属負極

3.1 リチウム金属負極の利用

リチウム金属は酸化還元電位が -3.04 V vs. SHE にあり、かつ容量密度が 3861 mA h g^{-1} と現行のリチウムイオン電池で用いられている黒鉛の 10 倍を超えることから、理想的な負極材料の一つといえる (図9)。実際、初期のリチウムイオン電池ではリチウム金属負極の採用が想定

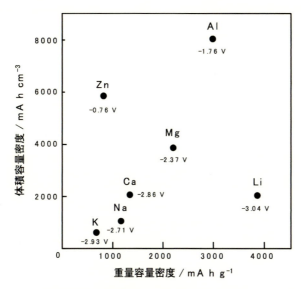

図9 各金属負極の重量容量密度、体積容量密度、作動電位 (vs. SHE) の比較

されていた。カナダの Moli Energy 社から正極に MoS$_2$、負極にリチウム金属を用いた二次電池が製品化されたが、充電時の不安定性に基づく発火事故が 1989 年に立て続けに起こり、リチウム金属を負極に用いる検討は大きく後退していた。しかし、近年のエネルギー密度に対する要望から再び脚光を浴びている。リチウム金属負極を用いた革新電池は、他の金属負極を用いた革新電池に比べて研究開発が進んでおり、代表的なものとして、リチウム金属二次電池、リチウム硫黄二次電池、リチウム空気二次電池の三種類が挙げられる。リチウム金属を二次電池の実用的な負極として用いるためには、充放電反応の可逆性を高めなければならない。リチウム金属は非常に活性の高い材料であり、空気中の水分や二酸化炭素とはもちろん、窒素とも反応する。したがって、電池内で電解液と接触すると電解液の還元分解が起こり、表面に被膜が形成される。この被膜はリチウム金属負極の充放電の可逆性に大きく影響する。表3に示すように被膜の成分は電解液の種類によって変化するため、特定の組成で被膜を設計する試みが進められている。しかし、市販されているリチウム金属には既に炭酸リチウムを主成分とする被膜が形成されており、その厚みも均一でないため、特定の組成で均一な被膜を形成することは難しい。その結果、電池充電時の反応であるリチウム金属の析出が不均一に進行し、デンド

表3 各電解液中でリチウム金属負極上に形成される被膜の組成

電解液の組成	被膜組成	参考文献
未使用品	表面: LiOH, Li_2CO_3, hydrocarbon, carbonate 内部: Li_2O, carbide	40
1 mol dm^{-3} $LiBF_4$ / propylene carbonate for 3 days	LiF, LiOH or Li_2CO_3, hydrocarbon, carbonate	40
1 mol dm^{-3} $LiBF_4$ / tetrahydrofuran for 3 days	LiF, hydrocarbon	40
1 mol dm^{-3} $LiClO_4$ + 5 mol dm^{-3} HF / propylene carbonate	表面: LiF LiOH (Li_2CO_3 or $LiOCO_2R$) 内部: Li_2O	41
1 mol dm^{-3} $LiPF_6$ + 2 vol% vinylene carbonate + 0.1 mol dm^{-3} $LiNO_3$ / ethylene carbonate: dimethyl carbonate =1:1 in vol.	$ROCO_2Li$, $-(CH_2CH_2O-)_n$, Li_2CO_3, Li_3N, $LiNO_2$, LiF, C-F	42
$LiNO_3$ / DOL+DME	LiN_xO_y	43
0.8 mol dm^{-3} LiTFSI + 0.2 mol dm^{-3} Li_2S_6 / DOL:DME = 1:1 in vol.	表面: $Li_2S_2O_3$, Li_3N, $-NSO_2CF_3$ 内部: Li_2S, Li_2S_2	44
0.5 mol dm^{-3} LiTFSI + 0.5 mol dm^{-3} LiFSI / DOL:DME = 2:1 in vol.	$Li_2NSO_2CF_3$, $Li_yC_2F_x$, LiF, $Li_2S_2O_4$, Li_2S, etc.	45

DOL: 1,3-dioxolane
DME: 1,2-dimethoxyethane

図10 析出したリチウムデンドライトの電子顕微鏡観察像

ライトと呼ばれる樹枝状の形状でリチウム金属が析出する(図10)。デンドライト形状のリチウム金属は集電体から大変剥離しやすい。剥離したものはデッドリチウムと呼ばれ、その分の電気エネルギーが損なわれるだけでなく、表面積が大きく活性が高いことから、電解液と容易に反応してガス発生等の電池の安定性を損なう原因となる。また、デンドライト析出は、正極と負極の間にあるセパレータを貫通して電池の短絡を招く。最悪の場合、発火事故につながるのである。この問題を解決するため、被膜をより人工的に設計する検討が成されている。例えば、リチウム金属表面にLi_3PO_4やLiFの被膜を形成するとデンドライト析出が抑制され、溶解析出の安定性が高まることが報告されている。[46-47] これらの薄膜はスパッタリング法で形成される。また、無機材料だけでなく、poly(vinylidene difluoride)やpoly(ethyl α -cyanoacrylate)といった高分子被膜の有効性も示されている。[48-49] いずれもリチウム金属の溶解析出に伴う電流分布を均一化し、デンドライトの形成を抑制するとともに電解液との反応を防ぎ、負極としての可逆性を高める設計である(図11)。このような界面設計は、固体電解質を用いた全固体リチウム金属二次電池にも有効である。電解質に流動性がない全固体電池では、電極と電解質の界面形成は大変難しい。見かけ上、それらが良好に接合されていても有効な電気化学界面として機

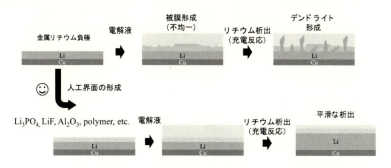

図 11　人工界面の設計に基づくリチウム金属負極の特性改善

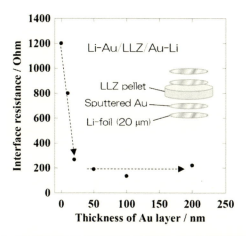

図 12　Au 中間層の導入によるリチウム金属負極 - 固体電解質界面抵抗の低減

能しない場合がある。そのため、電解液を用いた電池に比べて電流分布が生じやすく、充電時にリチウムデンドライトが析出しやすい。当初、固体電解質は機械的強度に優れるため、リチウムデンドライトが生成しても電池が短絡しにくいと考えられていた。しかし、リチウム金属の析出応力は大きく、固体電解質であっても貫通して電池が短絡することが最近の研究で明らかにされている。[50] この問題を解決するためには、より積極的に界面構築に取り組まなければならない。例えば、固体電解質とリチウム金属負極の間に中間層として別の材料を導入する方法が提案されている(図12)。[51-52] 拘束圧をかけて物理的に接合を改善する取り組みもある。[53] これらの検討はリチウム硫黄二次電池やリチウム空気二次電池に対しても有効なものがあり、リチウム金属負極を用いた二次電池の共通技術となり得る。

リチウム硫黄二次電池は安価な硫黄を正極に用いた電池である。作動電圧は２V程度と低いものの、硫黄正極が1672 mAh g^{-1}と極めて高い容量密度を有していることから、高いエネルギー密度の実現が期待されている。[54] この電池では、充放電反応の過程で正極に形成される多硫化リチウム (Li_2S_n, n= 1~8) が電解液に溶解することが大きな問題となっている。電解液に溶解した多硫化リチウムは、リチウム金属負極に到達すると還元され、再び正極側へ拡散して酸化

される。このサイクルによって電池の自己放電が進行する。レドックスシャトルと呼ばれる現象である。そのため、多硫化リチウムの溶解を抑えるための電解液の検討が精力的に行われている (図13)。[55] イオン液体やイオン液体と有機溶媒の混合物を適用することで溶解が抑えられることが報告されている。しかし、電解液の設計単独でレドックスシャトル反応を抑えることは難しく、セパレータの改良や固体電解質を適用も検討されている。[56] また、正極に用いられる硫黄は絶縁性であるため、電子伝導体と組み合わせて用いる必要がある。高比表面積を有する多孔性のカーボン材料と複合化された硫黄正極が主流である。この複合化は電子伝導性を確保する上で必要であるが、正極の容量密度、特に体積当たりの容量密度を低下させる要因にもなる。この問題に対して後述のナトリウム硫黄電池にならい、硫黄正極を流動化する検討も進められている。固体電解質を用いて硫黄正極のみが溶融する120°C程度でリチウム硫黄二次電池を運用するものである。[57]

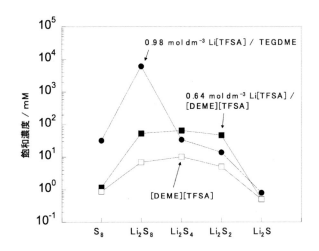

図13 電解液の種類によるリチウムポリサルファイドの溶解濃度の変化
(参考文献55を元に作図)
TEGDME: Tetraethylene glycol dimethyl ether
[DEME][TFSA]: Diethylmethyl(2-methoxyethyl)ammonium bis(trifluoromethylsulfonyl)imide

リチウム空気二次電池は空気中の酸素を正極活物質として用いる電池である。電池内に正極活物質を含まないことから非常に高いエネルギー密度を実現できる。[58] 理論エネルギー密度は 11140 Wh kg^{-1} (酸素の重量も含めて計算されるエネルギー密度は 5200 Wh kg^{-1}) であり、ガソリンのエネルギー密度 13000 Wh kg^{-1} に匹敵する。電池の放電時は、リチウム金属負極が溶解してリチウムイオンとなり、正極で酸素と反応して過酸化リチウムが析出する。一方、充電時は逆の反応が起こり、正極で酸素が発生し、負極でリチウム金属が析出する。正極に析出する過酸化リチウムは電子伝導性に乏しいため、厚膜あるいは粗大な粒子として析出すると可逆的に利用できなくなる。そのため、正極にはリチウム硫黄二次電池と同様に比表面積の大きなカーボン材料が用いられ、不可逆に過酸化リチウムが堆積しないよう工夫されている。しかし

現状では、二次電池としての十分な可逆性は得られておらず、数十回の充放電で電池が不良となってしまう。これは正極だけでなく負極側にも大きな課題があるからである。正極から空気中の酸素のみが取り込まれることが理想的だが、実際には水分や二酸化炭素も電池内へ取り込まれる。それらが負極側へ拡散すると、リチウム金属と反応し、電池の内部抵抗が高くなる。リチウム空気二次電池は、電解液の探索や電極の設計、充放電反応のメカニズム解析といった多くの基礎研究がまだ必要な段階にある。具体的な電池の姿も定まっていない。ドローンのような比較的小型の機器で運用する場合には問題ない思われるが、例えば、自動車のような大電流が必要な運用では、正極への酸素供給を円滑に行うための仕組みが必要となる。コンプレッサーや酸素ボンベを併用しなければならない場合、電池としてのエネルギー密度が高くても電池システムとしてのエネルギー密度は低くなってしまう。この点も踏まえて電池としての姿を明らかにしていく必要がある。

3.2 ナトリウム金属負極の利用

　ナトリウムは資源量が多く、海水や地中からの回収も容易なため、リチウムに代わる電池材料として注目されている。ナトリウム金属を負極に用いた二次電池は、変電所等で電力貯蔵を担う大型電池として既に実用化されている。正極に硫黄を用いたナトリウム硫黄電池、通称NAS電池である。[59] その基本原理は1966年にアメリカのフォード・モーター社によって見いだされている。充放電反応はリチウム硫黄二次電池と同等の機構で進行する。放電時に負極のナトリウム金属がナトリウムイオンとなり、正極の硫黄で還元され多硫化ナトリウムが形成される。充電反応はその逆で、負極ではナトリウムイオンがナトリウム金属に還元され、正極では多硫化ナトリウムが酸化されて硫黄とナトリウムイオンが生じる。これらの反応はナトリウムイオン伝導体である固体電解質β-アルミナを介して進行する。固体電解質を用いた電池であるが、これは全固体電池ではない。300℃以上の高温で用いられるため、ナトリウム金属負極も硫黄正極も溶融しているからである。電極活物質ベースのエネルギー密度は760 Wh kg^{-1}であり、実際の電池としてはその1/4程度の値で運用されている。大電流に対応できるコンパクトな電池として各所に導入されてきたが、2011年に発火事故が発生して以来、安全対策の見直しが図られている。一方で、活性の高い溶融ナトリウム金属を用いないナトリウムイオン電池の開発が活発化に進められている。[60] リチウムイオン電池と同様に、正極と負極にナトリウムイオンを出し入れできるホスト化合物を用いる電池である。リチウムイオン電池に比べて電圧が低いため、エネルギー密度の点では少々劣るが、元素戦略に適った電池である。2020年に478 mAh g^{-1}の容量密度を有するナトリウムイオン電池用のハードカーボン負極が見いだされるなど、性能のさらなる向上が期待される。[61] 同じく、元素戦略の観点からカリウムイオン電池の検討も進められている。リチウムイオン電池でも認められる現象であるが、電池が不良になり過充電が起こると、ナトリウム金属やカリウム金属が負極上に析出する場合がある。これらはリチウム金属に比べて活性が高く、発火事故を招く可能性があるため、実用化に際しては十分な対策が必要といえる。

3.3 多価金属負極の利用

　リチウム金属やナトリウム金属に代わる負極材料としてマグネシウム金属やアルミニウム金属などの多価金属が注目されている。これらを電池の負極に用いた場合も、充放電反応はリチウム金属負極と同じ析出溶解反応であるが、反応に関わる電子数が増加する。マグネシウム金属であれば2個の電子の移動を伴い、アルミニウム金属であれば3個の電子の移動を伴って反応が進行するため、容量密度が大きくなる。図9に示したとおり、重量容量密度ではリチウム金属に劣るものの、マグネシウム金属はリチウム金属の2倍近い体積容量密度を有する。アルミニウム金属に至っては、リチウム金属の4倍の体積容量密度を有し、高エネルギー密度の電池を実現できる負極材料として大いに期待される。いずれの多価金属負極も、リチウム金属負極を用いた電池と同様に、正極にインサーション材料を用いた金属二次電池タイプ、硫黄を用いた金属硫黄二次電池タイプ、酸素を用いた空気二次電池タイプの三種類が検討されている。

　これらの多価金属負極を用いた電池を実現する上で最もネックとなっているのが材料選択の乏しさである。カチオンの価数が大きくなるとアニオンとのクーロン相互作用が強くなるため、固体の電極材料中だけでなく、電解液中でもカチオンが拡散しにくくなる。その結果、電極や電解液に適用できる材料が限られてしまう。この状況が多価金属負極のメリットを十分に活かした電池設計を難しくしている。例えば、マグネシウム金属二次電池では、当初、Grignard試薬や有機アルミン酸マグネシウムをテトラヒドロフランに溶解したものが電解液として用いられていた。[62-63] これらの電解液中では、マグネシウム金属負極の溶解析出反応が可逆的に進行するものの、テトラヒドロフランが容易に酸化されるため、V_2O_5などの作動電位の低い正極材料しか適用できない制限があった。そのため、作動電位の高い正極材料の開発と評価には、アセトニトリルなどの耐酸化性の高い溶媒にマグネシウム塩を溶解したものが電解液として用いられていた。[64] しかし、この電解液中では反対に、マグネシウム金属負極の析出溶解が可逆的に進行しないため、参照極を用いた3極式で負極側の影響を可能なかぎり排除しながら評価を行わざるを得なかった。このような方法は材料の基本特性を明らかにする上では有効であるが、正極と負極の両方の応答を反映した評価を行えないため、電池としての課題を具体化することが困難であった。マグネシウムボレート塩を用いた安定な新規電解液が見いだされ、実際に電池の構成で評価を行えるようになったのはつい最近のことである。[65-66] また、電解液だけでなく、スピネル構造を有する$MgCo_2O_4$や$ZnMnO_3$などの新規正極材料も見いだされ、材料探索が全般的に進んでいる。依然として様々な課題はあるものの、マグネシウム金属二次電池の研究開発はその実現へ向けて着実に進んでいる。他の多価金属負極電池は、まだ原理の検証や材料探索の初期段階にあるが、多価金属負極の利用で実現される高エネルギー密度への期待は大きい。

おわりに

　次世代を担う様々な革新電池を紹介した。実用化に近いものもあれば、未だに原理の検証や材料探索の段階にあるものもある。すべての電池が実用化されることは難しいと思われるが、研究開発の過程で得られる発見から新しい原理の電池が誕生することもある。社会全体のエネルギーシステムが再生可能エネルギーの利用を前提に転換されていく中、電池に対する要望はさらに多様化し、高度化すると考えられる。現行のリチウムイオン電池ではもはや、それらの要望に応えることは難しい。新たなエネルギー社会を拓くため、一つでも多くの次世代二次電池が実現されることが望まれる。

参考文献

1) T. Placke, R. Kloepsch, S. Dühnen, M. Winter, J. Solid State Electrochem., 21 (2017) 1939.
2) NEDO 二次電池技術開発ロードマップ 2013.
3) H. Lee, M. Yanilmaz, O. Toprakci, K. Fu, X. Zhang, Energy Environ. Sci., 7 (2014) 3857.
4) A. Lewandowski, A. Swiderska-Mocek, J. Power Sources, 194 (2009) 601.
5) M. Holzapfel, C. Jost, P. Novak, Chem. Commun., (2004) 2098.
6) T. Sato, T. Maruo, S. Marukane, K. Takagi, J. Power Sources, 138 (2005) 253.
7) S.Y. Lee, H.H. Yong, Y.J. Lee, S.K. Kim, S. Ahn, J. Phys. Chem. B, 109 (2005) 13663.
8) M. Holzapfel, C. Jost, A. Prodi-Schwab, F. Krumeich, A. Wursig, H. Buqa, P. Novak, Carbon, 43 (2005) 1488.
9) B. Garcia, S. Lavallee, G. Perron, C. Michot, M. Armand, Electrochim. Acta, 49 (2004) 4583.
10) H. Zheng, H. Zhang, Y. Fu, T. Abe, Z. Ogumi, J. Phys. Chem. B, 109 (2005) 13676.
11) E. Markevich, V. Baranchugov, D. Aurbach, Electrochem. Commun., 8 (2006) 1331.
12) V. Borgel, E. Markevich, D. Aurbach, G. Semrau, M. Schmidt, J. Power Sources, 189 (2009) 331.
13) A. Fernicola, F. Croce, B. Scrosati, T. Watanabe, H. Ohno, J. Power Sources, 174 (2007) 342.
14) X. Lin, R. Kavian, Y. Lu, Q. Hu, Y. Shao-Horn, M. W. Grinstaff, Chem. Sci., 6 (2015) 6601.
15) K. Ababtain, G. Babu, X. Lin, M.T.F. Rodrigues, H. Gullapalli, P.M. Ajayan, M.W. Grinstaff, L.M.R. Arava, ACS Appl. Mater. Interfaces, 8 (2016) 15242.
16) Y. Yamada, A. Yamada, J. Electrochem. Soc., 162 (2015) A2406.
17) N. Kamaya, K. Homma, Y. Yamakawa, M. Hirayama, R. Kanno, M. Yonemura, T. Kamiyama, Y. Kato, S. Hama, K. Kawamoto, A. Mitsui, Nat. Mater., 10 (2011) 682.
18) Y. Kato, S. Hori, T. Saito, K. Suzuki, M. Hirayama, A. Mitsui, M. Yonemura, H. Iba, R. Kanno, Nature Energy, 1 (2016) 16030.
19) R. Kanno, M. Maruyama, J. Electrochem. Soc., 148 (2001) A742.

20) S. Kondo, K. Takada, Y. Yamamura, Solid State Ionics, 53-56 (1992) 1183.
21) Y. Seino, T. Ota, K. Takada, A. Hayashi, M. Tatsumisago, Energy Environ. Sci., 7 (2014) 627.
22) S. Boulineau, M. Courty, J.M. Tarascon, V. Viallet, Solid State Ionics, 221 (2012) 1.
23) Y. Inaguma, C. Liquan, M. Itoh, T. Nakamura, T. Uchida, H. Ikuta, M. Wakihara, Solid State Commun., 86 (1993) 689.
24) H. Aono, E. Sugimoto, Y. Sadaoka, N. Imanaka, G. Adachi, J. Electrochem. Soc., 137 (1990) 1023.
25) R. Murugan, V. Thangadurai, W. Weppner, Angew. Chem. Int. Ed., 46 (2007) 7778.
26) V. Thangadurai, W. Weppner, Adv. Funct. Mater., 15 (2005) 107.
27) J.B. Bates, N.J. Dudney, G.R. Gruzalski, R.A. Zuhr, A. Choudhury, C.F. Luck, Solid State Lionics, 53-56 (1992) 647.
28) M. Tatsumisago, N. Machida, T. Minami, J. Ceram. Soc. Jpn., 95 (1987) 197.
29) J. Fu, Solid State Ionics, 104 (1997) 191.
30) H. Aono, E. Sugimoto, Y. Sadaoka, N. Imanaka, G. Adachi, Bull. Chem. Soc. Jpn., 65 (1992) 2200.
31) W.D. Richards, L.J. Miara, Y. Wang, J.C. Kim, G. Ceder, Chem. Mater., 28 (2016) 266.
32) A. Gurung, J. Pokharel, A. Baniya, R. Pathak, K. Chen, B.S. Lamsal, N. Ghimire, W.H. Zhang, Y. Zhou, Q. Qiao, Sustainable Energy Fuels, 3 (2019) 3279.
33) T. Okumura, T. Takeuchi, H. Kobayashi, Solid State Ionics, 288 (2016) 248.
34) J. Wakasugi, H. Munakata, K. Kanamura, Electrochemistry, 85 (2017) 77.
35) M. Kotobuki, Y. Suzuki, H. Munakata, K. Kanamura, Y. Sato, K. Yamamoto, T. Yoshida, Electrochim. Acta, 56 (2011) 1023.
36) J. Zhang, X. Zang, H. Wen, T. Dong, J. Chai, Y. Li, B. Chen, J. Zhao, S. Dong, J. Ma, L. Yue, Z. Liu, X. Guo, G. Cui, L. Chen, J. Mater. Chem. A, 5 (2017) 4940.
37) D.Y. Oh, Y.J. Nam, K.H. Park, S.H. Jung, K.T. Kim, A.R. Ha, Y.S. Jung, Adv. Energy Mater., 9 (2019) 1802927.
38) E.J. Cheng, T. Kimura, M. Shoji, H. Ueda, H. Munakata, K. Kanamura, ACS Appl. Mater. Interfaces, 12 (2020) 10382.
39) T. Liu, Y. Yuan, X. Tao, Z. Lin, J. Lu, Adv. Sci., 7 (2020) 2001207.
40) K. Kanamura, H. Tamura, S. Shiraishi, Z. Takehara, J. Electrochem. Soc., 142 (1995) 340.
41) K. Kanamura, S. Shiraishi, Z. Takehara, J. Electrochem. Soc., 143 (1996) 2187.
42) J. Guo, Z. Wen, M. Wu, J. Jin, Y. Liu, Electrochem. Commun., 51 (2015) 59.
43) S. Xiong, K. Xie, Y. Diao, X. Hong, J. Power Sources, 246 (2014) 840.
44) S. Xiong, K. Xie, Y. Diao, X. Hong, J. Power Sources, 236 (2013) 181.
45) R. Miao, J. Yang, X. Feng, H. Jia, J. Wang, Y. Nuli, J. Power Sources, 271 (2014) 291.
46) L. Wang, Q. Wang, W. Jia, S. Chen, P. Gao, J. Li, J. Power Sources, 342 (2017) 175.
47) L. Fan, H.L. Zhuang, L. Gao, Y. Lu, L.A. Archer, J. Mater. Chem. A, 5 (2017) 3483.
48) J. Lopez, A. Pei, J.Y. Oh, G.J.N. Wang, Y. Cui, Z. Bao, J. Am. Chem. Soc., 140 (2018) 11735.

49) Z. Hu, S. Zhang, S. Dong, W. Li, H. Li, G. Cui, L. Chen, Chem. Mater., 29 (2017) 4682.
50) T. Famprikis, P. Canepa, J.A. Dawson, M.S. Islam, C. Masquelier, Nat. Mater., 18 (2019) 1278.
51) J. Wakasugi, H. Munakata, K. Kanamura, J. Electrochem. Soc., 164 (2017) A1022.
52) C. Yang, H. Xie, W. Ping, K. Fu, B. Liu, J. Rao, J. Dai, C. Wang, G. Pastel, L. Hu, Adv. Mater., 31 (2019) 1804815.
53) J. M. Doux, Y. Yang, D.H.S. Tan, H. Nguyen, E.A. Wu, X. Wang, A. Banerjee, Y.S. Meng, J. Mater. Chem. A, 8 (2020) 5049.
54) A. Manthiram, Y. Fu, S.H. Chung, C. Zu, Y.S. Su, Chem. Rev., 114 (2014) 11751.
55) S. Zhang, K. Ueno, K. Dokko, M. Watanabe, Adv. Energy Mater., 5 (2015) 1500117.
56) J. Q. Huang, Q. Zhang, F. Wei, Energy Storage Mater., 1 (2015) 127.
57) 若杉淳吾, 道畑日出夫, 竹本嵩清, 久保田昌明, 阿部英俊, 金村聖志, FBテクニカルニュース, 75 (2019) 21.
58) Md. A. Rahman, X. Wang, C. Wen, J. Electrochem. Soc., 160 (2013) A1759.
59) Z. Wen, Y. Hu, X. Wu, J. Han, Z. Gu, Adv. Funct. Mater., 23 (2013) 1005.
60) N. Yabuuchi, K. Kubota, M. Dahbi, S. Komaba, Chem. Rev., 114 (2014) 11636.
61) A. Kamiyama, K. Kubota, D. Igarashi, Y. Youn, Y. Tateyama, H. Ando, K. Gotoh, S. Komaba, Angew. Chem. Int. Ed., 60 (2021) 5114.
62) C. Liebenow, J. Applied Electrochem., 27 (1997), 221.
63) D. Aurbach, Z. Lu, A. Schechter, Y. Gofer, H. Gizbar, R. Turgeman, Y. Cohen, M. Moshkovich, E. Levi, Nature, 407 (2000) 724.
64) T.T. Tran, W.M. Lamanna, M.N. Obrovac, J. Electrochem. Soc., 159 (2012) A2005.
65) J. Luo, Y. Bi, L. Zhang, X. Zhang, T.L. Liu, Angew. Chem. Int.Ed., 58 (2019) 6967.
66) T. Mandai, ACS Appl. Mater. Interfaces, 12 (2020) 39135.

第 2 章

全固体二次電池の開発動向

第 2 章　全固体二次電池の開発動向

第 1 節　全固体二次電池および次世代二次電池の開発動向

株式会社 And Tech　技術顧問　加藤 尚之

はじめに

2019 年末に"ノーベル化学賞受賞"というニュースが飛び込んできた。二次電池の分野で従事している関係者のみならず、日本国民の皆さんが喜んだ。米ニューヨーク州立大学教授の Stanley Whittingham 博士、米テキサス大学教授の John Goodenough 博士、旭化成名誉フェローの吉野彰博士がリチウムイオン電池の開発で、Laptop や Smartphone などの電子機器の長時間駆動の実現に繋がった業績が評価された。

スウェーデン王立科学アカデミーはリチウムイオン電池について、「軽量で耐久性があり、数百回も繰り返し充電できる。私たちの生活に革命をもたらし、化石燃料を使わないワイヤレス社会の基盤を築き、人類に最大の利益をもたらしている」と評価している。

しかし、この輝かしいノーベル賞受賞以前には、幾つかの新しい電池や技術があったことを忘れてはならない。簡単にこれまでの歴史を整理すると以下のようになる。

1970年代半ば：Stanley Whittingham博士が挿入/脱離の原理で電気化学反応する
　　　　　　　TiS2正極を紹介。
1970年後半～80年前半：John Goodenough博士がLiCoO2正極を紹介
　　　　　　　　　　　Rachid Yazami博士が黒鉛負極を紹介
1980年半ば：吉野彰博士がLiCoO2正極/炭素材料負極のプロトタイプのセルを試作
1990年初期：ソニーが世界で初めてリチウムイオン蓄電池を商品化
1990年半ば～：正極はNCA、NCM、LMO、LFP等、負極はSn合金、SiOx、
　　　　　　　LTOが順次開発
　　　　　　　電池形状は円筒型、角型、パウチ型へと多様化
　　　　　　　用途も小型民生用から車載用や定置用へと拡大化

　このようにリチウムイオン電池の歴史においては、数多くの材料の研究開発が行われ、電池メーカだけではなく、材料メーカの基盤技術があったからこそノーベル賞が受賞できたと思う。
　また、共同通信によると、John Goodenough博士は、リチウムイオン電池の開発に貢献した日本の関係者に脱帽するとコメントした。さらに、「研究成果を実際の製品にするには、もう一段の努力が必要だった。ソニーの人たちが頑張ってくれたおかげで、リチウムイオン電池が世の中に知られることになった」と述べた。

　現在のリチウムイオン電池に関するビジネス規模は、当初の想定よりも大きいものになっているように思う。1990年代はノートブックパソコンや携帯電話に代表されるモバイル機器に搭載されるに限定されていたが、その後、電動工具や車載用、ESS用等に採用されると、爆発的な市場規模が拡大していった。これにより消費者も新たなツールを獲得し、便利な生活を謳歌できるようになってきたのである。我々はこの便利社会を獲得できたのは、今回のノーベル賞受賞者や日本のメーカだけでなく、韓国や中国のメーカの努力があったことを忘れてはいけない。
　今後、気候変動による地球温暖化への対策として電気自動車の普及や、災害による停電時の緊急電源としての利用、さらには自然エネルギーを有効活用していくためにも、益々リチウムイオン電池の活躍が期待される。ところが、リチウムイオン電池の性能もそろそろ限界に近づいていると言われている。
　リチウムイオン電池のエネルギー密度も開発当初と比較すると3-4倍に増加し、モバイル機器の使用時間も長くなってはいる。しかし、電気自動車になると現在の電池のエネルギー密度では不十分で、航続距離、充電時間、安全性、価格等で課題が残っている。これらの課題を解決するためには、リチウムイオン電池の改良やポストリチウムイオン電池と呼ばれる次世代電池の開発が求められる。

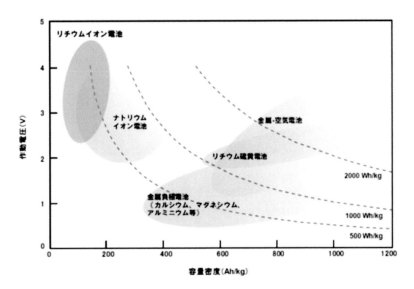

図1　NEDOによる革新電池の技術マップ（CY2013年）

　少し古いが、図1にNEDOから次世代二次電池としての革新電池が示されている。従来のリチウムイオン電池の改良による先進型電池とは別に、複数の二次電池としてナトリウムイオン電池、多価イオン電池の金属（カルシウム、マグネシウム、アルミニウム）負極電池、リチウム硫黄電池、金属-空気電池が提案されている。これらの革新電池が2013年に提案されて以降、各電池で種々の検討がされてきているが、これまで大きな成果までは得られていないのが現状である。

　今回のレポートでは、現行リチウムイオン電池の進化や、革新電池の開発状況をレビューしたいと考える。2019年の電池討論会や雑誌等のプレスリリースの情報から現状の開発、技術動向をまとめたい。

1. リチウムイオン電池

1.1　全固体二次電池

　1991年にソニーがリチウムイオン電池を商品化して以来約30年が経過しようとしている。その間、電池性能、信頼性、安全性等の向上が図られてきた。最近は電解液を固体電解質化した全固体電池や擬似固体電池の発表が活発であり、新技術の提案も多い。その中からいくつかのトピックスを紹介する。

(1) 太陽誘電[1]

太陽誘電は2019年12月、積層セラミックコンデンサー（MLCC）で培った材料技術やプロセス技術を応用した全固体電池を開発したと発表した。2020年度中にもサンプル出荷を始め、2021年度中に量産を開始する予定である。

セパレータを不要にする独自の酸化物系固体電解質セラミックスを用いたり、積層プロセスを採用したりすることで、全固体電池の小型化と大容量化を両立させることが可能となった。今回採用した酸化物系固体電解質セラミックスは、大気に含まれる水分や二酸化炭素と反応することはほとんどなく、液状の有機電解液を用いないため燃えることがない特長を有する。

(2) 村田製作所[2]

村田製作所は2019年10月14日に自社の全固体電池（図2）が、CEATEC AWARD 2019経済産業大臣賞を受賞したと発表した。一般的なリチウムイオン電池で使用する電解液の代わりに、酸化物セラミックス系電解質を使用する全固体電池は「燃えない」「熱に強い」特性を有し、同社が開発した製品は小型かつ高エネルギー密度を実現するなど、ウェアラブル機器の小型化や信頼性の向上に貢献するという。

今回、同社が開発した全固体電池は電解質が酸化物セラミックスとなり、サイズは5～10×5～10×2～6mm（縦×横×高さ）。容量は2～25mAh（25℃）で、定格電圧が3.8Vである。

図2　全固体電池の外観：出所　村田製作所

(3) FDK[3]

FDKは2019年5月9日、容量を従来比で約3.5倍に増やした全固体電池を開発したと発表した（図3）。あらゆるモノがネットにつながる「IoT」機器や、体に装着するウェアラブル端末などに組み込み、家電分野での用途を広げるという。

FDKが開発した全固体電池は、電子部品のように機器に組み込んで使う。機器を小型化できるだけでなく、電池交換の手間も減る。液体の電解質を使わず、高い安全性や耐久性が特徴である。IoT機器やウェアラブル機器、パソコンなどに内蔵するリアルタイムクロック、マイコンなどでも利用を想定する。

図3 Stacked All Solid State Battery
: 出所 FDK

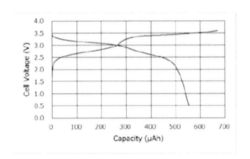

図4 充放電曲線 at 0.2C and 20℃
: 出所 第60回電池討論会

　さらに、FDKは第60回電池討論会で酸化物系全固体電池開発の発表を行った[30]。正極材には$Li_2CoP_2O_7$、負極材にはTi系酸化物、NASICON型固体電解質を用いた。3.6V ⇔ 0.5Vの範囲で充放電を行い、約550μAhの容量および中間電圧3Vが得られている（図4）。

(4)TDK[4]
　TDKは小型SMD技術を用いた世界初の充放電可能なオールセラミック固体電池を発表した。これは小型EIA 1812パッケージ（4.5 x 3.2 x 1.1 mm）により提供され、定格電圧1.4 Vで容量100 μAhを実現した。充放電サイクルは、条件により1000回以上可能であり、短時間またはパルス動作のために数mAの電流を引き出すことができる。さらに、この電池はリチウムイオン電池に用いられている有機電解液を使用しておらず、無機系固体電解質を介して充放電するので、火災、爆発、または液体電解質の漏出のリスクがなくなる特長を持つ。
　このようにMLCCの技術を応用した全固体電池が各社から開発やサンプル出荷の発表があり、新たな段階に入ってきている。これらの全固体電池に使用される電解質は酸化物系無機固体電解質であり、製造工程においてはハンドリングしやすい材料を使用する。しかし、酸化物系固体電解質のイオン伝導度はまだ低いので、容量の大きな電池には採用は難しく、1mAhから25mAh程度の容量に限定されているのが現状である。

　そこで、表1に各社から発表されている情報から各々の全固体電池の概要について整理した。基本的には各社共にMLCCの標準パッケージ寸法の電池を開発している。電池電圧は各社ばらばらであり採用している材料が異なっているものと推定される。また、村田製作所のみが容量の大きい全固体電池を開発しており、他社に対するアドバンテージを示している。これらの小容量の酸化物系全固体電池が最初の市場導入と予想される。

表1　各社全固体電池の概要：出所 各社ホームページから

	太陽誘電	村田製作所	FDK	TDK
電圧		3.8V	3V	1.4V
容量		2〜25mAh	0.5mAh	0.1mAh
寸法	L4.5×W3.2×T3.2 L1.0×W0.5×T0.5	L5〜10×W5〜10×T2〜6	L4.5×W3.2×T1.6	L4.5×W3.2×T1.1

　ここまでの4社の全固体電池は、酸化物系固体電解質を用い容量が小さい積層型であるのが共通項である。つまり、モバイル用駆動電源としてのエネルギー密度や出力は達成できていない。まず、全固体電池の入門レベルからのスタートと見るべきだろう。やはり、電池容量が1Ah以上を有しないと、使用できるアプリケーションが広がらないと思う。このターゲットを実現するためには、現在の酸化物系固体電解質のイオン伝導度では難しく、硫化物系固体電解質レベルの数値が求められる。さらに酸化物系固体電解質は固い材料が多く柔軟性に乏しいため、電極作製が難しいと思われる。従って、電極に柔軟性を付与することができるようになれば、電池の大型化や形状の自由度が増し、種々のアプリケーションへの応用が増えると予想される。

(5) 出光興産[5]

　一方で硫化物系固体電解質の開発も着実に進められており、液状の電解液と同等以上のイオン伝導度を有する材料も報告されている。出光興産は2020年2月18日、全固体電池向け電解質の小型量産設備を、同社千葉事業所内（千葉県市原市）に新設すると発表した（図5）。2021年第1四半期（1〜3月）に稼働の予定である。
　出光興産は、硫化物系固体電解質を開発しており、高純度の硫化リチウム製造法を確立するなど、硫化リチウムを原料とする硫化物系固体電解質の開発で先行し、保有する特許も数多い。今後、石油精製メーカ専業ではなく、IoT分野に貢献するだろう電池材料にもビジネスを拡大していく気配を感じる。

図5　出光興産が試作した全固体電池：出所 出光興産

(6) 三井金属,マクセル[6]

2019年12月8日、三井金属は全固体電池向けの固体電解質の量産試験用設備および生産設備を、埼玉県上尾市の研究所敷地内に随時導入すると発表した。2020年12月に完工予定、同月より稼働開始を予定しており、需要に応じて年間数十トンの生産能力まで引き上げる計画である。

量産予定の固体電解質は、電解液と同等水準のリチウムイオン伝導性を有し、かつ電気化学的に安定である「アルジロダイト型硫化物固体電解質」であることを特徴とし、高エネルギー密度、急速充放電、高耐久等の性能を有する全固体電池の実証を進め、三井金属製の固体電解質を使用した全固体電池において、マクセルから小型機器向けにサンプル出荷が開始された(図6)。電気自動車向けにも2020年以降の採用に向けた顧客評価が順調に進んでいることから、本格量産時を見据えた設備を導入する予定である。

図6　コイン型全固体電池：出所 マクセル

今回、マクセルから発表された全固体電池の電池特性は、三井金属が開発した硫化物系固体電解質の粉体特性を最適化し、電池の内部抵抗の上昇を抑制し、高負荷でも放電容量を向上させることができる特長を有している。

(7) 日立造船[7]

日立造船は2019年2月27日、展示会「国際二次電池展」にて固体電解質として硫化物系材料を用いた全固体二次電池を出展した。

特長としては、高安全性、長寿命、広い使用温度範囲である。電解液に液体の有機溶媒を使用していないので、漏液の心配はなく且つ発煙・発火の危険性がない。固体電解質はイオンのみを通すだけなので、副反応が抑制され劣化は小さく分解がないため、広い温度範囲で使用可能である。

表2に現在の全固体電池の概要を示す。容量は140mAhと従来のリチウムイオン電池と比較して小さいが、バルク型全固体電池としては容量が大きい。この全固体リチウムイオン電池は、材料は外部企業から調達しているが、固体電解質の材料粒子を薄膜に加圧成型する際に自前のプレス技術を活用している。

第2章 全固体二次電池の開発動向

これまでに研究されている全固体リチウムイオン電池は、電解質の材料粒子間のイオン伝導性を保持するために機械的に圧力を加えながら充放電させる必要があった。これに対し、日立造船が開発した全固体リチウムイオン電池は、プレス技術を生かして電解質を加圧成型することでイオン伝導性が向上し、充放電時の加圧が不要になった。つまり、粒子と粒子の界面抵抗を低減できたことがポイントのようである。

表2　硫化物系全固体電池の概要：出所 日立造船

寸法/mm	W52×H65.1×T2.7
質量/g	25
容量/mAh	140
電圧/V	3.65
充電	上限電圧：4.15V、電流：0.1C
放電	終止電圧：2.7V、電流：1C
使用温度範囲	充電：20℃～120℃
	放電：-40℃～120℃
重量エネルギー密度/Wh/kg	20.4
体積エネルギー密度/Wh/l	60

(8) 日本触媒[8]

日本触媒は2020年2月の国際二次電池展で、新しい高分子固体電解質を出展した。表3に新規高分子固体電解質の性質を示す。この材料はリチウムイオンの輸率が大きいので、従来の材料PEO（ポリエチレンオキシド）よりもイオン伝導性が高いのが特長である。リン酸鉄リチウム正極/負極金属Liのラミネートセルで0.25Cまでの放電が可能であり、大きな出力を求めない用途には適用できる可能性はある。

現在、全固体二次電池に検討されている固体電解質は無機系の材料が多いが、イオン伝導性のみの選定ではなく、電極の製造のしやすさやハンドリングの仕方等総合的に選択されるべきと考える。そのようあ観点から、高分子固体電解質のさらなる研究を期待する。

表3　新規高分子固体電解質の性質：出所 日本触媒資料

		25℃	40℃	60℃
新規固体電解質	イオン伝導度	2.6×10^{-5}	8.2×10^{-5}	2.4×10^{-4}
	リチウムイオン輸率	0.8	0.7	0.6
PEO	イオン伝導度	2.0×10^{-5}	1.1×10^{-4}	2.7×10^{-4}
	リチウムイオン輸率	―――	0.1	0.1

(9)SAMSUNG[9]

SAMSUNG は 2019 年 10 月 28-31 日に開催された AABC ASIA のセミナーで、硫化物系固体電解質を用いた全固体金属リチウム電池について講演した。正極には Li_2O-ZrO_2（LZO）をコートしたニッケルリッチの NCM 材（210mAh/g）、固体電解質にはアルジロダイト型硫化物（Li6PS5Cl）でイオン伝導率は 2mS/cm @ 25℃、負極には銀—炭素ナノ複合体と反応したリチウム合金となっている（図 7）。

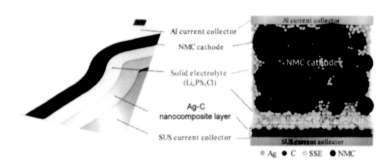

図7　全固体金属リチウム電池の構造：出所 SAMSUNG

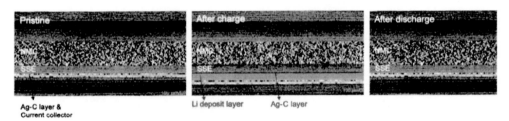

図8　充放電後の電極断面写真：出所 SAMSUNG

このアルジロダイト型硫化物固体電解質は、金属リチウムに対して安定であり、特別な焼結も必要はなく通常のプロセスで積層や大面積化が可能である。また、負極は負極の集電体上の Ag-炭素複合体とリチウムとの合金化反応によるもので、金属リチウムが無いことが特長となっている（図 8）。

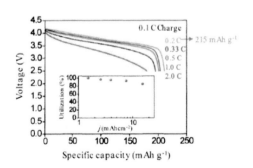 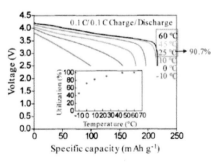

図9　放電負荷試験 (60℃)：出所 SAMSUNG　　図10　放電温度試験 (0.1C)：出所 SAMSUNG

図9~10に放電負荷試験、放電温度試験の基本データを示す。試験条件である温度が60℃、充放電電流が0.1Cと低レートである。これは固体電解質のイオン伝導度がまだ低いことを示唆しているが、今後改善されていけば実用化も近いと思われる。

このように材料メーカや電池メーカから酸化物系固体電解質、硫化物系固体電解質、高分子固体電解質が盛んに発表され、また、電池も小容量のコイン型のみならずバルク型の全固体二次電池の発表も多い。つまり、比較的高容量なバルク型の商品化近いことが伺えるのは、電池関連従事者にとっては楽しみである。しかし、いきなり容量の大きな車載用途ではなく、まずは小型民生用途の電池に適用される可能性が高いと思われるが、今後の開発動向が期待される。

1.2 擬似固体二次電池

全固体電池のあるべき姿の一部を変更することにより、商品化までの到達時間を短くすることができる。そのような開発状況において、擬似固体電池もしくは半固体電池と呼称すべき二次電池が提案されている。電池の電解質や電極製造に工夫が見られる。特に、従来の製造プロセスと異なる独自のアイデアが盛り込まれ興味ある電池である。早期の実用化を図り市場に上市されることを期待したい。

(1) 三洋化成工業 [10]

三洋化成工業とベンチャー企業のAPBは2020年3月2日、ほぼ全てを樹脂で構成する新型リチウムイオン2次電池「全樹脂電池」の量産工場を、福井県越前市に新設すると発表した。2021年に量産を開始する見込みで、同年後半には出荷開始を予定している。量産開始時は小規模生産に留まるが、徐々にすべての生産工程を自動化していく予定である。

この全樹脂電池は、界面活性技術を有する三洋化成が新開発した樹脂を用い、樹脂被覆を行った活物質を樹脂の集電体に塗布をすることで電極を形成している。
従来の電池設計で、電流を通す端子や集電体は抵抗を低減するために金属が使用されてきたが、今回、集電体を含めた電池骨格を全て樹脂材料で構成され、また、バイポーラ構造を採用することで、出力は従来同様に確保しつつ、異常時においても電池内部での急激な発熱・温度上昇を抑制することが可能となる。

このような独自の製造プロセスにより、従来のリチウムイオン電池よりも工程を短縮することで、製造コスト・リードタイムの削減を実現するとともに、これまでにない高い安全性とエネルギー密度を実現している。部品点数が少ないバイポーラ積層型で且つ樹脂で構成しているため、電極の厚膜化が容易となり、セルの大型化が可能である。さらに、形状自由度が高いことも特長であり、リチウムイオン電池理想の構造ともいえる。

(2) 京セラ[11]

　京セラは2019年10月2日クレイ型（粘土型）リチウムイオン電池を開発し、採用製品となる住宅用蓄電システムを2020年1月から少量限定発売すると発表した。
　クレイ型リチウムイオン電池は、粘土（クレイ）状の材料を用いて正極と負極を形成することから名付けられた。「電解液を用いる一般的なリチウムイオン電池と比べて、高安全性、長寿命、低コストという3つの優位性を兼ね備える」とされる。
　クレイ型リチウムイオン電池の開発は、マサチューセッツ工科大学発の米国ベンチャーである24M Technologiesと共同で行った。基本的な電池設計は24M Technologiesが担当し、量産化技術は京セラが中心になって開発した。尚、24M Technologiesが提供する半固体（Semi Solid）リチウムイオン電池技術は、京セラ以外も採用可能な技術である。
　一般的なリチウムイオン電池では、集電体とセパレータの間に電極材料を配置してバインダーで接着し、電解液で満たしている。一方、クレイ型リチウムイオン電池では、あらかじめ電解液を練り込んだ粘土状の電極材料を厚塗りしている。この構造によって、高安全性、長寿命、低コストという3つの特徴を実現した。
　1つ目の高安全性は、電解液を液体の状態で使用していないクレイ型電極、厚塗りの正極と負極の材料とセパレータ、外装フィルムから成るセル構造、正極材料として安全性の高さで知られるリン酸鉄リチウム（$LiFePO_4$）の採用などによる。圧壊試験、過充電試験でも発煙や発火は無い。
　2つ目の長寿命は、クレイ型電極におけるバインダーの不使用、電解液の選定、住宅用に最適化した電池の設計や制御が貢献している。動作温度は－20〜40℃で、国内ほぼ全ての環境で利用できる。その寿命保証として、一般的な住宅用蓄電システムが10年のところを15年に伸ばすことができた。
　3つ目の低コストは、部材コスト、製造コストの両方を低減できるとしている。部材コストについては、一般的なリチウムイオン電池の電極厚さが50μ〜120μmなのに対して、クレイ型リチウムイオン電池の電極厚さは、粘土状の電極材料を厚塗りするので300μ〜400μmになる。このため、集電箔やセパレータの使用数が少なく、バインダーも用いないので、部材コストは20〜40％削減できる。製造コストについても、クレイ型リチウムイオン電池は電極材料を形成する工程をシンプルにでき、電解液を注入する注液工程も不要になる。

(3) imec[12]

　ベルギーの研究機関であるimecは2019年6月に、体積エネルギー密度が425Wh/Lと高い固体電解質のLiイオン2次電池（LIB）を開発したと発表した。正極活物質にはリン酸鉄リチウム（$LiFePO_4$）、負極活物質には金属リチウムを用いた。imecは約5年後の2024年には1000Wh/L、充電レートを2〜3C（20〜30分充電）にできるとしている（図11）。

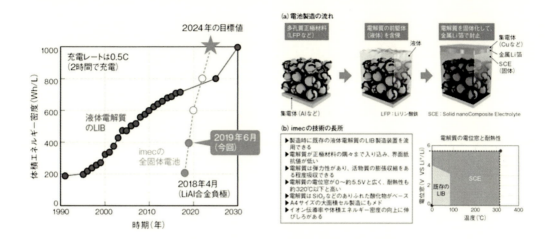

図11　imec製電池の容量ロードマップと電池構造：出所 日経記事

　この電池の特徴はまず正極を作成し、その後、液体の電解液を正極材料にしみ込ませる。異なるのは、電解液を含浸させた電極を乾燥させて固体化してから負極などを形成する点である。この結果として、量産時に既存の液体電解質のLIB向け製造装置を多少変更するだけで利用でき、擬似固体電池だからといって高額な投資は必要なくなる。

　電解液が当初液体で電極のすみずみに浸透するため、全固体電池に付きまとう課題の「電極と固体電解質の接触面積が小さく、界面抵抗が非常に高くなる」現象も起こりにくい利点を有する。

1.3　リチウムイオン電池の新技術

　ポストリチウムイオン電池としては、1.1、1.2で記述した全固体二次電池や擬似固体二次電池が主流であると思われるが、現行リチウムイオン電池の新技術も幾つか提案されており、各々開発競争は厳しい状況にある。従来の生産設備がそのまま活用できれば、大きな投資も必要なく性能が向上した電池を得ることが可能となる。

(1) 加圧電解プレドープ技術の開発（東京大学　西原研）[13]

　東京大学大学院理学系研究科の西原寛教授らは2020年2月、二次電池の高容量化を可能にする加圧電解プレドープ技術を開発したと発表した。この技術で容量が20％も増加し、充放電に伴う容量低下も抑えられることを確認した。

　これまでのリチウムイオン二次電池は、初回の充放電で不可逆反応により、電池の容量が小さくなるという課題があった。これを解決する方法として、電池を組み立てる前に、負極とリチウムを反応させる電気化学的プレドープが検討されてきた。しかし、電解反応に数時間を要することもあり、これまで実用的に利用されることはなかった。

西原研究室は今回、負極の電気化学的プレドープを加圧環境で行うことにより、大電流で高濃度までリチウムをあらかじめ添加しておくことができることを実証した（図12）。実験では、電気化学的にプレドープをしたシリコン負極と、NMC正極からなる二次電池を用いて、充放電時における容量と電圧を測定し、プレドープをしていないシリコン負極を用いた二次電池と比較した。

　この結果、プレドープをしたシリコン負極を用いた二次電池の容量は150Ah/kgで、活物質の設計値に近い値を示した。一方、プレドープをしていないシリコン負極を用いた二次電池は125Ah/kgとなり、容量が約20%も低下した。また、充放電を繰り返し行ったところ、容量は5サイクル目までに15Ah/kg下がった。これらから、加圧電解プレドープにより、二次電池の高容量化と長寿命化を達成できる（図13）。

図12　加圧電解ロール：出所 東京大学

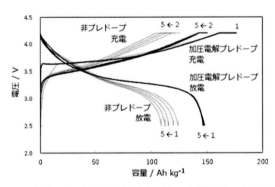

図13　非プレドープ品と加圧電解ドープ品の充放電曲線：出所 東京大学

(2) リチウムイオン電池向け多機能溶媒の開発（東京大学）[14]

　東京大学大学院工学系研究科の山田淳夫教授と東京大学大学院理学系研究科の中村栄一特任教授らのグループは、ECに代わる多機能溶媒の設計・合成に成功した。この溶媒は、ECと同様の五員環構造を有するフッ素化リン酸エステル（TFEP）であり、ECの特徴であるSEI保護膜形成能力、リン酸エステルの特徴である難燃性、更にはフッ素化溶媒の特徴である高い酸化耐性の全てを兼ね備えた合理的な分子構造を有する（図14）。

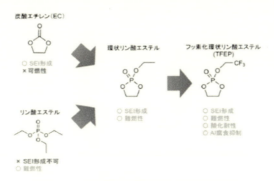

図14　新しい多機能溶媒の構造：出所 東京大学

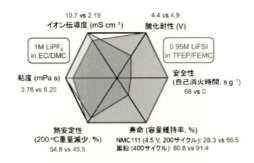

図15　各種性能の比較：出所　東京大学

　図15に新規に設計したTFEPを含む新電解液と従来の商用電解液の各種性能を比較した。新規電解液は、商用電解液と同等のイオン伝導度、粘度、及び熱安定性を保ちつつ、酸化耐性、安全性、及び寿命で顕著な優位性を示し、将来期待される電解液といえる。

(3) リチウムイオン電池で安全性を高める次世代セパレータ（山形大、日本バイリーン、大阪ソーダ）[15]

　このセパレータは日本バイリーンの耐熱性の不織布と大阪ソーダの特殊なゴムとを組み合わせたセパレータである。表4にこのセパレータの特徴を示す。150℃の高温でも収縮することはなく、耐熱性が優れた不織布セパレータである。特殊なゴムを不織布のすき間に埋め込むことで、電池が内部ショートすることが防止でき、耐熱性と内部短絡防止を両立することができる。

表4　新規セパレータの特徴：出所 山形大学

	本技術のセパレータ	従来のセパレータ
セパレータの母材	耐熱性不織布	ポリオレフィン（スーパーのビニール袋と同素材）
組み合わせる材料	特殊ゴム	
セパレータの特徴	耐熱性繊維を使用した不織布のため、従来セパレータより耐熱性が高くなった（150℃でも変形なし）。また耐熱性不織布に特殊ゴムを埋め込むことでショートしやすいという不織布の課題をクリアした。	無数の細孔をもつフィルムで、保液性、化学的安定性など諸特性は優れているが、80℃くらいから変形する。

2. 次世代電池

リチウムイオン電池の次世代としては、同じインサーション型のナトリウムイオン電池、カリウムイオン電池、多価イオン電池が提案されている。最近はカチオンレドックス反応だけではなく、アニオンレドックスを原理とする次世代電池も提案されている。各々希少金属のリチウム代替ということで研究は進められているが、エネルギー密度、寿命、コスト等を総合的に満足する電池はないのが現状である。ここでは将来性がある幾つかの例を紹介する。

2.1 カリウムイオン電池 [16,17]

2004年にイランの研究者が正極にプルシアンブルー、負極にカリウム金属を用いた2次電池を発表したが、10年以上顧みられなかった。2015年に東京理科大学の駒場研究室が、負極にグラファイトを用いて、LIBと同様なインターカレーションで動作するカリウムイオン2次電池を提唱し、2017年には、この負極とマンガンを一部含むプルシアンブルー正極で4V級の電池を開発した。これらの研究によってカリウムイオン電池が注目を浴びるようになった。

カリウムイオン電池のリチウムイオン電池に対する差異化ポイントは、格安にできる可能性が高いこと、出力密度が高いことの2点である。

リチウムイオン電池では、電気自動車（EV）や電力系統の安定化などに向けた大量の需要では、リチウムのひっ迫や高騰が予想されるが、カリウムイオン電池ならその希少金属の需給の心配がない。

電池の電位窓の観点から比較した（図16）。リチウムイオン電池と比較して、ナトリウムイオン電池の放電電圧は0.3V低くなり、エネルギー密度が低くなってしまう欠点があるが、一方、カリウムイオン電池の場合、放電電圧は0.1V高くできる可能性があり、電圧の観点から不利にならない。

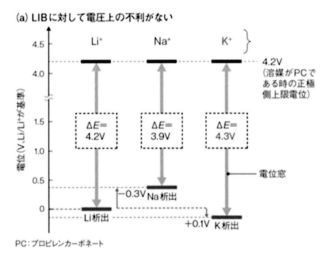

図16 各イオン電池の電位窓：出所 日経記事

次に、出力密度の高さではリチウムイオン電池やナトリウムイオン電池を圧倒する。従来電池では出力密度の高い製品でも 10C が限界とされているが、カリウムイオン電池では推定 80C（45 秒で満充電）が可能という報告もある。本格的な研究は最近ではあるが、今後期待される次世代電池の一つになっていくだろう。

2.2　ナトリウムイオン電池 [18,19,20]

図 17　600mAh 級ラミネート電池：出所 住友化学

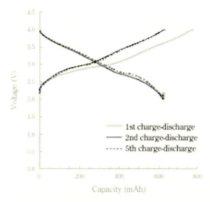

図 18　充放電曲線@ 0.1C/0.1C：出所 住友化学

　ナトリウムイオン電池は東京理科大の駒場慎一教授が 2009 年に実証され、2011 年に論文発表され注目を浴びた。リチウムという希少元素を使用せずにコストが安価なナトリウムを使用できるということが特色である。その後、住友化学からラミネート型電池（600mAh 級）の試作結果も報告された（図 17、18）。正極には鉄、マンガン、ニッケルの $NaFe_{0.4}Mn_{0.3}Ni_{0.3}O_2$、負極にはハードカーボン、電解液には $1M\text{-}NaPF_6/PC$ から構成され、従来のリチウムイオン電池のコンセプトが踏襲される。充放電の電圧範囲は 4.0V ⇔ 2.0V で、作動電圧はリチウムイオン電池と比較して低い欠点が見られる。車載用の電池としてはエネルギー密度の大きい電池が求められ、その要求に対しては見劣りする性能であったため、ナトリウムイオン電池の開発は下火となってしまった。しかし、今後は ESS 用向けの大型電池として検討されようとしており、実用化が期待される次世代二次電池の一つである。

2.3　アルミニウムアニオン電池 [21]

　大阪大学大学院応用化学専攻の津田哲哉准教授は、産業技術総合研究所と共同で、「アルミニウムアニオン電池（AAB）」と呼ぶ 2 次電池を開発した。既存のリチウムイオン 2 次電池を超える重量エネルギー密度と出力密度を備え、しかも充放電を 600 サイクルまで繰り返すことができることを確認した。

　この電池は、負極にアルミニウム金属板、正極に硫黄とポリエチレングリコール、電解液に塩化アルミニウム系の有機材料または無機の溶融塩を用いる二次電池である。ただし、電池内の電荷キャリアは、カチオンの Al^{3+} ではなく、アニオンの $Al_2Cl_7^-$ と $AlCl_4^-$ である。

Al^{3+} でない理由は、「Al^{3+} では、充電時に Al 負極表面に不定形の Al が析出して性能が劣化する」ためである。こうした析出物はアルミニウムイオン電池ではパウダー状になるが、一方、アニオンを用いるとこうした負極表面のトラブルがほとんど起こらず、二次電池として有望である。

アルミニウムアニオン電池の強みは2つある。
(1) 多電子反応であることで、出力密度とエネルギー密度の両方を高めやすいこと
(2) 正極集電体のモリブデンを除けば、汎用元素ばかりで極めて低コストに製造できること
それに対してアルミニウムアニオン電池の課題はいくつかある。
(a) 正極の導電性が低いため、温度を高めるか導電助剤を大量に加えないと性能が出にくい
(b) 電解液中の AlCl3 に腐食性があり、使える集電体材料が Al や Mo などに限られ、しかも水と反応すると HCl ガスなどを発生すること
(c) 無機イオン液体の溶融塩はそのままでは融点が93度と高く、融点を下げる工夫が必要なこと

2.4 Fイオン二次電池 [21]

最近、このアルミニウムアニオン電池と同じアニオンレドックス原理で作動する二次電池が京都大の内本喜春教授から提案され注目を浴びている。フッ素イオンが正極にインターカレーションするタイプのFイオン二次電池である。これまでは、フッ化化合物の活物質自体が反応するコンバージョン型が主に研究対象とされていた。この電池の容量は大きくなる可能性を持っていたが、サイクル寿命が非常に悪く、実用化には遠い存在であった。これに対して、今回の $La_{1.2}Sr_{1.8}Mn_2O_7$ 正極材は、Fイオンがインターカレーションするにもかかわらず、大きな比容量を持つことが確認された。従来のコンバージョン型からインターカレーション型により、サイクル時の容量劣化は改善できるものと期待される。さらに、金属イオン等の析出による内部ショートの危険もなく、安全性に優れた電池といえる。課題は La や Sr という希少金属による重量エネルギー密度の低下や、材料となる稀少元素の高コストが挙げられる。実用は2030年頃を想定しているようだ。今後の研究が期待される。

3. 革新電池

革新電池としては、負極に金属リチウムを使用した電池が候補と思われ、Li 硫黄電池、Li-空気電池が該当する。これまでの二次電池の開発の歴史の中で、この金属リチウム負極をどのように扱うが最大の課題である。1991年にリチウムイオン電池が商品化されてからは、しばらくは注目されていなかったが、ポストリチウムイオンが叫ばれ始めてからは、この金属リチウム負極電池が再度日の目をみるような立場になってきた。当然、デンドライトの問題によるサイクル寿命、安全性をどのように解決するかがポイントであり、簡単に現在の開発状況を紹介する。

3.1 Li-硫黄電池

2020年に入りLi硫黄電池に関する開発記事が賑わい始めている。この電池は作動電圧が低いものの容量が大きく、重量エネルギー密度を高めることが可能である。特に、軽量化を求めるアプリケーションには最適な電池であり、実用化が急がれる二次電池の一つである。

(1) OXIS ENERGY[22]

現行のリチウムイオン電池を代替する様々な種類の次世代蓄電池の研究開発が進められているが、そのなかで、大きな期待を集めているのがリチウム硫黄電池である（図19）。特長は低コスト、高エネルギー密度の実現である。OXIS Energy（英国）のように生産計画を進めているメーカもある。

図19 OXIS Energy 社のLi-硫黄電池：出所 OXIS Energy

硫黄正極の容量は1672mAh/gで現行リチウムイオン電池の正極と比較して大きいが、電圧は2.1Vと低い。しかし、現状の開発レベルのLi-硫黄電池の重量エネルギー密度は300〜400Wh/kg程度となっており、リチウムイオン電池と比較すると既に大きい値を持つ。特に、軽量化を要求される用途には適した電池といえる。課題は硫黄電極のポリサルファイドの溶出問題と高密度化、金属リチウム負極のデンドライト抑制が挙げられる。これらの課題が解決できれば、サイクル寿命や出力特性をクリアすることが可能であり、今後の開発に期待したい。

(2) ポリスルフィド難溶性電解液を用いたLi-S電池の高エネルギー密度化（横浜国大 渡邊研）[23]

Li-S電池の実用化の課題の1つとして、ポリスルフィド(Li_2S_m)が電解液へ溶解し、それが容量劣化とクーロン効率の低下を引き起こすことが挙げられる。また、高エネルギー密度を達成するには、硫黄担持量の増大と電解液量低減が必要であり、現在実用化までには難しい状況にある。

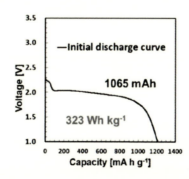

図20 ラミネートセルの放電特性
：出所：横浜国大

電解液は tetraethyleneglycol dimethyl ether (G4) 又は sulfolane (SL) に lithium bis(trifluoromethanesulfonyl)amide (Li[TFSA]) を溶解させ、1,1,2,2-tetrafluoroethyl-2,2,3,3-tetrafluoropropyl ether(HFE) で希釈した溶液を用いた。

正極は、硫黄とケッチェンブラック (KB) を 3:1 で混合し、溶融含浸法（155℃、6 h）により複合化した。バインダーとしてカルボキシメチルセルロース (CMC) とスチレンブタジエンゴム (SBR) の混合バインダーを用い、水系のスラリーを調製し、アルミ箔に塗布・乾燥することで正極を得た。負極に Li 金属を用いたラミネートセルを作製し、容量で 1065mAh、323Wh/kg のエネルギー密度が得られた（図 20）。

(3) 従来の電池容量を凌駕するリチウム硫黄電池の開発及び全固体電池化への挑戦（工学院大）[31]

2020 年 12 月 3 日の JST セミナーにて、工学院大の関志朗准教授が講演した。ポリサルファイドの溶出という課題に対して、複相電解質（スルホラン電解液およびイオン液体を高分子ホストによるゲル化）の導入により改善することが提案されている（図 21）。

正極	S8/KB=2/1(PVP18wt%)
負極	Li
電解質	{Li(G4,SL)}TFSA＋ポリマー（無機系含む）

図 21　複相電解質を有するリチウム硫黄電池の概要：出所 工学院大

この複相電解質は従来電解液と同等の容量を示し且つ高いクーロン効率を示した。これはポリサルファイドの物理的化学的溶出抑制が可能となり、Li-硫黄電池の長寿命化に貢献する技術といえる。また、この複相電解質は高分子固体電解質だけでなく無機系固体電解質とのハイブリッド化しており、両者の優れた特長を合わせ持っている。

このように、Li-硫黄電池の課題の一つである硫黄正極のポリサルファイドのレドックスシャトルを解決する基礎研究もさかんに行われており、嬉しい限りである。現在は、電解液も液状の材料を使用した発表が多いが、固体電解質を用いた硫黄正極／固体電解質／金属リチウムの全固体電池も開発されていくだろう。

3.2　金属空気電池
(1) リチウム空気電池 [24,25,26]

リチウム空気電池は、あらゆる二次電池の中で最高値のエネルギー密度を有することから"究極の二次電池"といわれ革新電池の一つである。この究極な電池に対して、ソフトバンクは NIMS に 2 年間で 10 億円を超える研究費を出資することを発表した。両者から研究員約 50 名

が参加する研究拠点「NIMS-SoftBank 先端技術開発センター」を新たに設立し、2025 年ごろの実用化を目指している。

リチウム空気電池では、放電中にリチウム金属から放出されたリチウムイオンが空気極に移動して酸素と反応する。その際、リチウム酸化物（主に過酸化リチウム）が空気極に堆積する。空気極は電子がよく流れるように導電性のカーボンから構成され、リチウムイオンと酸素がよく拡散できるように多孔質構造をしている。しかし、空気極に堆積するリチウム酸化物が絶縁性の固体のため、放電が進むにつれて空気極の導電性は失われ、すきま構造も目詰まりし大きな容量を得ることができない。そこで、空気極としてカーボンナノチューブをシート状にすることにより、リチウムイオンと酸素がうまく拡散し、容量を大幅に増加させることを確認した。

今後は、柔軟で強靭な CNT シートを空気極に用い、さらに電極の積層化によりリチウム空気電池を高容量化させることが可能であると言う（図 22）。将来、夢の二次電池の実現を期待したい。

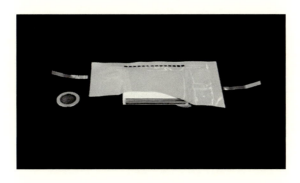

図 22 積層型金属リチウム空気電池の外観：出所 物質・材料研究機構

おわりに

今回は最近の全固体二次電池と次世代二次電池の開発動向をまとめた。リチウムイオン電池の性能が限界に近づいてきたと言われており、新な次世代二次電池が色々提案されている。研究対象として様々な電池が研究され、少しずつ性能が向上されている事は、電池の分野で仕事をする関係者にとっては嬉しい限りである。

矢野経済研究所は、2018 年から 2030 年にかけての次世代電池世界市場を調査し、種類別の動向、参入企業動向、将来展望を明らかにした[27]。調査対象となる次世代電池は、「小型全固体リチウムイオン電池・薄形電池」、「高容量全固体リチウムイオン電池」、「ナトリウム二次電池」、「レドックスフロー電池」、「金属空気電池」、「有機二次電池」、「多価イオン電池」、「Li-S 電池」、「新原理・新型電池」の 9 種類とした（図 23）。

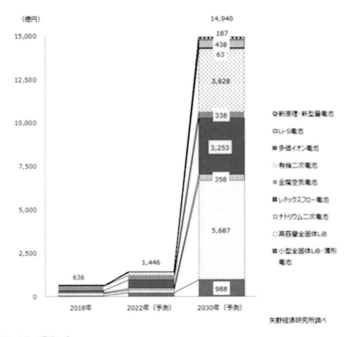

図 23　次世代電池世界市場規模と予測：出所 矢野経済研究所

　2018年の次世代電池世界市場規模はメーカ出荷額ベースで636億円。高容量全固体リチウムイオン電池は、フランスの輸送・物流系大手による次世代電動車の駆動用電源としての実用化事例が先行している。このほか、金属空気電池やレドックスフロー電池、小型全固体リチウムイオン電池・薄形電池、ナトリウム二次電池でも市場形成が始まっているという。

　国内では、新原理電池や新型の高機能や新構造リチウムイオン電池を製品化する動きが顕在化している。また、新原理電池ではリチウム空気電池の理論値を超える超高エネルギー密度・超大容量型の電池が2020年代前半に製品化される見通しのほか、急速充放電機能と高度な耐久性を併せ持つ二次電池材料も2021〜2022年頃から商用化される可能性がある。従って、2030年には新原理電池だけで一定規模に拡大するという。

　1800年にボルタ電池が開発されてから現在までの時の中で、歩みは遅いが着実に進化を遂げてきた電池開発の歴史を考えると、5-10年で大きく飛躍する電池を実用化するのは大変な事に思われる。しかし、単に開発研究だけをするのではなく、世の中の消費者の声を傾聴し、魅力ある電池を革新的な商品として出現してもらいたい。そのためには、従来の延長線上の開発に終始するだけでなく、新たな発想で目標を達成するという強い意志があれば、素晴らしい成果が得られるだろう。将来、次世代二次電池関連で再度ノーベル賞が受賞できるように、開発従事者の健闘を祈ります。

参考文献

1) https://eetimes.jp/ee/articles/1912/12/news042.html
2) https://www.murata.com/ja-jp/products/info/batteries/solid_state/2019/0626
3) https://www.fdk.co.jp/whatsnew-j/release20190509-j.html
4) https://www.jp.tdk.com/tech-mag/front_line/002
5) https://eetimes.jp/ee/articles/2002/21/news022.html
6) "新機能性材料展 2020" 2020年1月29日-31日
7) https://xtech.nikkei.com/atcl/nxt/column/18/00001/01727/
8) "第11回 国際二次電池展" 2020年2月26-28日
9) AABC ASIA Seminar, Tokyo, Japan 2019年10月28日-31日
10) https://carview.yahoo.co.jp/news/detail/2aed3c8511f3edcf8ecc863ac1255c978fc7fb5d/
11) https://www.itmedia.co.jp/smartjapan/articles/1910/07/news037.html
12) https://xtech.nikkei.com/atcl/nxt/column/18/00001/02611/
13) "第11回 国際二次電池展" 2020年2月26-28日
14) https://release.nikkei.co.jp/attach_file/0529933_01.pdf
15) 山形大学プレスリリース 2019年12月5日
16) https://xtech.nikkei.com/atcl/nxt/column/18/00001/03631/
17) https://www.tus.ac.jp/mediarelations/archive/20200115003.html
18) https://www.ntt-fsoken.co.jp/research/pdf/2015_12.pdf
19) https://www.mugendai-web.jp/archives/9675
20) https://www.sumitomo-chem.co.jp/rd/report/files/docs/2013J_3.pdf
21) https://www.nikkei.com/article/DGXMZO53742500U9A221C1000000/
22) https://www.excite.co.jp/news/article/Toushin_12299/
23) 第60回電池討論会（京都）講演番号 2D02, 2019
24) https://emira-t.jp/eq/7296/
25) https://www.science-academy.jp/showcase/17/pdf/T-002_showcase2018.pdf
26) https://r.nikkei.com/article/DGXMZO45473080Q9A530C1X90000?s=4
27) https://s.response.jp/article/2019/12/26/330202.amp.html
28) 第60回電池討論会（京都）講演番号 2F19, 2019
29) JST新技術説明会（オンライン）工学院大 2020年12月3日

第2章　全固体二次電池の開発動向

第2節　硫化物系固体電解質を用いたコイン形全固体電池

マクセル株式会社　山田 將之
マクセル株式会社　古川 一揮

はじめに

　リチウムイオン電池は高いエネルギー密度と入出力特性を併せ持つ優れた電池であり、1990年代に商品化されて以降、携帯電話やノート型PCなどに適用され急激な成長を遂げている。現在では、ヘルスケア、アミューズメント、モビリティなど、産業用や民生用を問わず、さまざまな市場で用途が広がっている。出荷数量は2025年に160億個と予測され、2020～2025年の年平均成長率は約10%[1]と見込まれている。今後、市場の多角的な成長に伴い、5G対応など機器の高性能化、小型軽量化、多機能化が進み、搭載される電池には、エネルギー密度、入出力特性、寿命、耐熱性、信頼性、安全性などあらゆる性能の向上が求められる。固体電解質は、これら多岐にわたる市場要求を同時に満たすことのできる数少ない電池技術の1つと考えており、早急な実用化が望まれている。全固体電池とは、その名の通り液体を全く含まない電池のことであり、危険物である有機溶媒を用いた電解液（以下、有機系電解液と表す）の代わりにポリマーやセラミクスなどの固体電解質を用いた電池である。現在、様々な固体電解質が研究開発されているなか、車載用や民生機器向けとして最も期待されているのは硫化物系の固体電解質である。過去に研究されてきた固体電解質はいずれもリチウムイオン伝導度や安定性などが低く、既存の電解液系電池に匹敵するような全固体電池の実用化は困難であった。近年開発された硫化物系固体電解質は、$1mΩ^{-1}$ cm^{-1}以上と有機系電解液に近い高イオン伝導度を持つことから、エネルギー密度、出力、安全性を同時に向上できる技術として注目され始めた。硫化物系固体電解質の中でも特にアルジロダイト型固体電解質は高イオン伝導性や高成形性などの優れた性能を有することから、次世代電池の主要電解質として注目されている[2)3)]。表1にアルジロダイト型固体電解質の特徴と、それを使用した全固体電池の期待特性をまとめた。イオン伝導性や成形性だけでなく、電気化学的安定性や熱的安定性についても非常に優れた特性を示す[4]。本節では、アルジロダイト型固体電解質を用いたコイン形全固体電池の特徴と詳細特性および今後の展望について述べる。

第 2 章　全固体二次電池の開発動向

表1　アルジロダイト型固体電解質の特長と電池の期待特性

アルジロダイト型固体電解質の特長		全固体電池の期待特性	
熱的安定性	-120℃～+200℃の温度範囲において安定であることを確認	高耐熱性	-50℃～+125℃の温度範囲において良好に作動できる
化学安定性	正負極材料と硫化物系固体電解質との界面層が安定かつ高イオン伝導性	長寿命化	20年以上に渡る長期使用においても初期の特性を維持できる
酸化安定性 還元安定性	0～5Vの電圧範囲で高い安定性を確認	高容量化	電解液中では不安定な高性能材料でも良好に作動できる
成形性	非常に柔らかいため常温での成形・圧密化が可能	高容量化	電極の厚膜化が容易なため高容量化とプロセス簡素化ができる
イオン伝導性	電解液同等の高イオン伝導率を確保（電解液とは異なりLiイオンのみが伝導）	高出力化	電解液特有の抵抗成分が無いため電解液の数倍の高出力特性が得られる
難燃性	燃焼性は低く危険物には非該当（一般的な有機電解液は危険物）	高安全性	様々な安全性試験を実施しても発火発煙は観測されず発熱も5℃以下

1. アルジロダイト型固体電解質

　固体電解質には、三井金属鉱業株式会社(以下、三井金属と称す)から提供を受けたアルジロダイト型固体電解質を採用した[5]。固体電解質（以下、SEと表す）の基礎的な性質を確認するため、直径9mm厚さ1.05 mmのSE成形体を作製し図1に示す構成のモデルセル（Li｜SE｜Li）を組み立てた[6]。25℃から150℃までのインピーダンスを測定した結果、作製したセルは0.1Hzから2kHzの範囲でほぼ純抵抗であった。0.1Hzのインピーダンス（以下、｜Z｜と

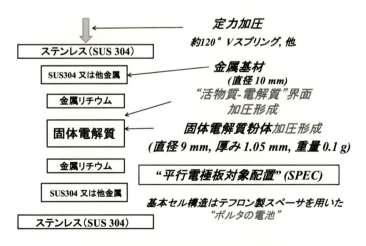

図1　固体電解質の基礎評価用モデルセル構成

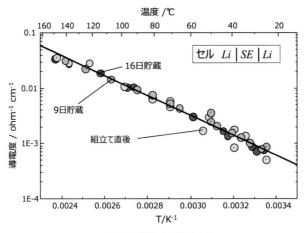

図2　伝導度の温度依存性

表す）とSEの幾何形状から算出した伝導度を図2に示す。|Z|にはリチウム極の分極抵抗が含まれているものの、算出した値は25℃で0.5mΩ^{-1} cm^{-1}、150℃では35.9mΩ^{-1} cm^{-1}と高い値を示し、伝導度は温度に対して直線状に変化した。この結果から、使用したSEは150℃までの領域でリチウム金属と安定な界面を形成していることがわかる。作製したセルを16日間25℃で保管しても伝導度に顕著な変化はみられなかったことから、形成された界面は経時的にも非常に安定であることが確認できた。

　SE中をリチウムイオンが移動していることを証明するため、また、SEのリチウムに対する長期的な安定性を検証するために、図1で示したモデルセル構成のリチウムの一方をインジウムで置き換えたセル（Li｜SE｜In）を作製し定抵抗放電を実施した。負荷抵抗を200kΩとし、60℃で6000時間（250日）に渡って放電した結果を図3に示す。Li｜SE｜Inセルの作動電圧は0.62Vであり、リチウムインジウム合金を形成する0.62Vでフラットな電位形状を示すこ

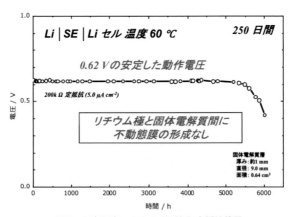

図3　Li｜SE｜Inセルの200kΩ定抵抗放電

とからも、リチウム極からリチウムイオンが固体電解質層を経由してインジウム極に供給されていることが明らかである。また、放電末期のセルを分解するとリチウムがすべて消費されていたことからも、リチウム極からのリチウムイオン供給を裏付けている。Li｜SE｜In セルは平坦な電位形状をもつ一次電池として機能していると言え、この時の放電容量は 19mAh (30 mAh cm^{-2}) であった。本試験では、250 日間 60℃に保管してもリチウム極と SE との界面に絶縁膜が形成された形跡は確認できなかった。このことから、酸化物系固体電解質などで課題となっている耐還元性において、アルジロダイト型固体電解質はリチウム、つまり極限の還元雰囲気に対しても非常に安定であることが証明された。

2. アルジロダイト型固体電解質を用いた全固体電池

前述したように、アルジロダイト型固体電解質は高いイオン伝導性と耐熱性および長期安定性を示すことが明らかとなった。この SE を用いることで、有機系電解液では到達できないような高性能電池を生み出せる可能性がある。国内材料メーカーとの材料開発にマクセルの配合・成形・封止といったプロセス技術を組み合わせることにより、高容量化と高出力化の両立に加え、寿命と耐熱性の向上まで達成することを目的にコイン形全固体電池を開発した。正極および負極材料には、全固体電池用に最適化したコバルト酸リチウム（LiCoO$_2$、以下、LCO と表す）とチタン酸リチウム（Li$_4$Ti$_5$O$_{12}$、以下、LTO と表す）をそれぞれ用いた。作製した全固体電池の断面図を図 4 に、仕様を表 2 に示す。正極には LCO と SE、負極には LTO と SE、それぞれの混合物を成形し、SE 単独の成形体で隔離した。電池サイズは直径 9.5mm、高さ 2.65mm であり、平均電圧は 2.3V、容量は 8mAh である。開発したコイン形全固体電池の放電特性を

表2 コイン形全固体電池の仕様

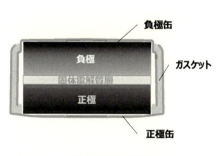

図4 コイン形全固体電池の断面図

形式		PSB927L
寸法	直径(mm)	9.5
	高さ(mm)	2.65
充電 (定電流 定電圧)	定電圧値(V)	2.6
	標準電流(mA)	4.0
放電 (定電流)	終止電圧(V)	0.0
	最大電流(mA)*1	30.0
公称電圧(V)		2.3
標準容量(mAh)		8.0

*1：1 秒間放電後に 1.8V 以上を維持できる最大電流値

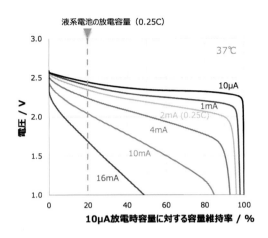

図5 コイン形全固体電池の放電特性

図5に示す。材料とプロセスの技術開発で内部抵抗を低減することに成功した結果、開発した電池は厚い成形電極であるにもかかわらず、0.25C放電で10μA放電時の95%以上の容量を維持しており、さらに2C放電においても約50%の容量を確保し非常に高い負荷特性を示した。同様のサイズと構成で作製した有機系電解液を用いたコイン形電池では、図中に示したように0.25Cの放電でも10μA放電時の20%容量しか得られなかった。また、近距離通信で採用されるパルス放電についても優れた特性を示しており、1秒間放電後に1.8V以上を維持できる最大電流値は30mA以上と電解液系の約1.5倍の出力であった。1.8VはBLE（Bluetooth Low Energy）の最低駆動電圧を想定している。以上の結果から、開発したコイン形全固体電池の放電特性は、アルジロダイト型固体電解質の高いイオン伝導性と純抵抗のみを示す性質を反映した非常に優れた結果となった。

電池での耐熱性と長期安定性を確認するため、60℃の貯蔵試験と100℃の充放電サイクル試験を実施した。それぞれの結果を図6および図7に示す。図6の貯蔵試験では、60℃ 100日後でも初期の90%以上の容量を維持しており、有機系電解液電池の68%と比べて大幅に特性改善した。アレニウスプロットから得られる加速係数で計算すると、60℃ 100日は20℃ 50年に相当する。開発したコイン形全固体電池は数十年にわたる長寿命化が期待できる。図7の高温サイクル試験では、有機系電解液電池が20サイクル以降で充放電できなくなったのに対し、全固体電池では100サイクル後でも80%以上の容量を維持した。温度や電圧に対し安定性の高いアルジロダイト型固体電解質を採用しているため、有機系電解液を用いた電池と比較して高温環境における貯蔵や充放電といった寿命特性を大幅に向上することに成功した。

安全性については、200℃までの過熱試験、くぎ刺し試験、外部短絡試験など様々な試験を行った結果、発火や破裂は確認されず、さらに発熱に関してもすべての試験で5℃以下という結果となった。代表的な試験結果を図8にまとめた。以上の結果、コイン形全固体電池は非常に高い安全性を示したことから、メンテフリーに関連した機器に加え、ウエアラブル機器に対しても適合性が高いことを確認した。

第 2 章　全固体二次電池の開発動向

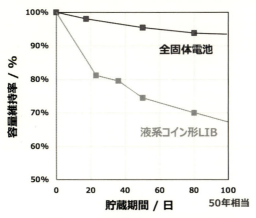

図 6　コイン形全固体電池の 60℃貯蔵特性

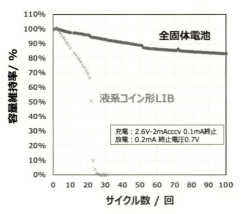

図 7　コイン形全固体電池の 100℃サイクル試験

高安全性：
200℃加熱試験や釘刺し試験、外部短絡試験など、あらゆる安全性試験においても発火や発煙などは確認されず、発熱温度も5℃以下と非常に高い安全性を示します

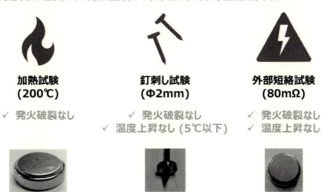

図 8 コイン形全固体電池の安全性

049

3. まとめと今後の展開

電池の種々の特性にはトレードオフの関係を有するものが多いため、既存の材料系を用いながら複数の特性を同時に向上させるのは非常に難しい開発である。このようなトレードオフの関係から抜け出し、高入出力特性、長寿命特性および高耐熱性などの要求を同時に向上させるには、既存の材料系から進化した材料、特に電解質を根本から見直すことが鍵であった。本節で紹介したコイン形全固体電池は、協業している三井金属のアルジロダイト型固体電解質と、その固体電解質向けに粉体特性を制御した独自の電極材料を採用した。その結果、充放電に伴う内部抵抗上昇を抑制し、有機系電解液を使用した従来の電池に比べ高負荷時での放電容量を大幅に向上することに成功した。また、独自のプロセス技術を適用することで、電池内部のリチウムイオン伝導度を高めることに成功し、-50℃以下の極低温においても動作することが期待できる。我々は硫化物系のアルジロダイト型固体電解質を使用したコイン形全固体電池を2019年9月上旬からサンプル出荷しており、2021年の製品化を目指し量産設備導入など準備を進めている。

マクセルは長年にわたり、リチウムイオン電池やマイクロ電池の開発に取り組んできたが、そこで培った技術を融合させることで、高性能かつ高信頼性を有する全固体電池の量産開発が可能となった。コイン形全固体電池は、国内ウエアラブル機器メーカーとの共同開発により、製品化および量産出荷し、以降は他のウエアラブル機器やIoT機器向けにも展開していく。今後は図9に示すような車載機器や医療機器など、従来のリチウムイオン電池では対応できなかった高い安全性や信頼性が求められる市場にも展開していく予定である。

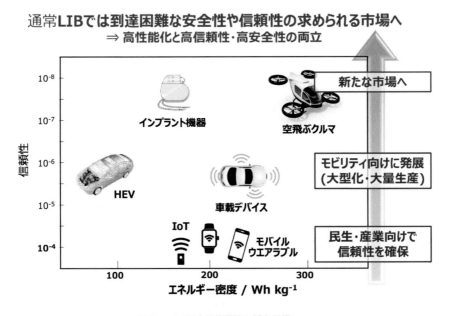

図9 コイン形全固体電池の将来展望

参考文献
1) B3 レポート, モバイル/IT 機器の市場, 2019 chapter8 (2019)
2) 富士経済プレスリリース, 第１９０９０号, 2019 年 10 月 28 日 (2019)
3) 富士経済プレスリリース, 第２０１３３号, 2020 年 12 月 18 日 (2020)
4) Sebastian Wenzela, et al., Solid State Ionics, vol. 318, 102-112 (2018)
5) 伊藤ら, 電池討論会講演要旨, 3C21 (2017)
6) 古川ら, 電池討論会講演要旨, 2F15 (2020)

第2章　全固体二次電池の開発動向

第3節　フィルム形状リチウムイオン二次電池

倉敷紡績株式会社　東　昇

はじめに

　2015年の国連サミットで「Sustainable Development Goals（持続可能な開発目標）：SDGs」の17の目標が採択され、我が国ではSDGsと連携する「Society 5.0」の推進が経済、ビジネスの観点からめざされるようになり今日に至っている。そのようななか、当社はエネルギーの観点から社会貢献できる事業の創出をめざしてフィルム電池の開発に着手した。電池をフィルム形状化することは、その形状の多様性と、電解質に液体を用いず固体を用いることからくる安全性と利便性から、いつでもどこでも誰にでも電気を供給できる革新的な2次電池を社会提供することにつながる。太陽電池等の再生可能エネルギー発電を簡便に蓄電でき、環境にやさしいエネルギー供給源になり、災害時や遠隔地での独立エネルギー供給源としての利用価値も高い。

　全固体電池の開発は今日において様々な取り組みが成されているが[1-6]、本テーマでは大気安定性が高い酸化物系固体電解質と、柔軟性と密接性に長けた高分子固体電解質を複合した固体電池をフィルム内に形成することを考えた。一般に酸化物系の固体電解質は無機固体粒子界面を焼成して固体接合するので高温プロセスを要し、フィルムとの一体化は不可能であると考えられてきた。一方で高分子固体電解質はフィルム形状に成型が可能であるが、そのイオン伝導度が10^{-7}S/cmオーダーと有機電解液のイオン伝導度（10^{-2}S/cmオーダー）に格段に劣るため、単体での電池実用化が困難であった。そこで、比較的イオン伝導性が高い酸化物系固体電解質を電池のセパレータの代わりに薄膜塗工し、その固体粒子間の界面を高分子固体電解質で接合した有機／無機複合型の固体電解質電池を試作し、その実現性と実用性を確認した。

1.　フィルム電池の開発

1.1　フィルム電池とは

　一般的なリチウムイオン電池はコバルト酸リチウム等の正極活物質を集電体となるアルミ箔に塗工した正極と、黒鉛等の負極活物質を銅箔の集電体に塗工した負極とを多孔性フィルムをセパレータにして対向し、セパレータ内にエチレンカーボネートを主材とした有機溶媒を充填して正極／セパレータ／負極をパッケージングする構造となっている。

　しかし液体の電解質をそのままフィルム内に封止することは不可能である。そこで液状の高

分子電解質を固形の電池材料粒子間に含浸した後にポリマーを架橋して全体を固体化するという発想で電池をフィルム化することを検討し、正極活物質粒子／無機固体電解質粒子／負極活物質粒子の粒子間界面を高分子固体電解質で充填接合する構造の薄膜電池を試作した。図1は走査型電子顕微鏡(SEM)で試作したフィルム電池の断面を観察した写真である。

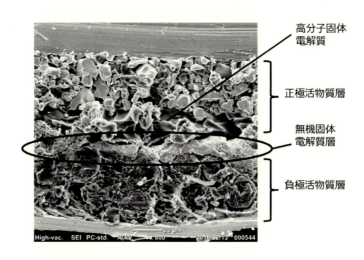

図1 試作したフィルム電池の断面 SEM 写真

正極の活物質層（コバルト酸リチウム）と負極の活物質層（黒鉛）の間に酸化物系無機固体電解質（$Li_{1.5}Al_{0.5}Ge_{1.5}P_3O_{12}$：LAGP）の層が構成され、それらの微粒子間に高分子固体電解質（ポリエチレンオキシドをマトリックスポリマーとしたリチウム塩複合体）が充填されている。酸化物系の無機固体電解質層の厚さを 10μm 以下にすることで、10^{-4}S/cm オーダーのイオン伝導度であっても設計上は十分なイオン伝導性が維持できる。また高分子固体電解質自体のイオン伝導度は低くても、実効的なイオン伝導パスを非常に短くできるため、そのデメリットを最小限に抑えることができると考えた。

この有機／無機複合電解質電池は内側を集電体とするラミネート封止フィルムに正極＋固体電解質層と負極＋固体電解質層をそれぞれ直接印刷して貼り合わせることでフィルム形状の電池を連続生産することができ、製法においても革新的な電池であるといえる。

1.2 フィルム電池の基本特性と課題

図2に図1の構造で試作したフィルム電池の充放電特性を示す。なお、ここでは正極活物質にニッケル、マンガン、コバルトの三元系酸化物（NMC 活物質）、負極活物質にはチタン酸リチウム（LTO 活物質）を用いている。

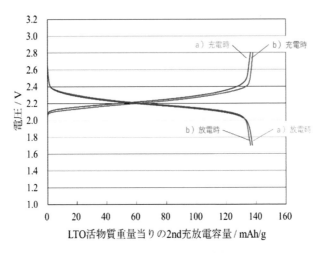

a) 図1の構造を持つ試作フィルム電池
b) a)の高分子電解質を有機電解液に置換したもの

図2　試作フィルム電池の充放電特性

　a)は試作したフィルム電池の充電カーブと放電カーブで、b)はフィルム電池の高分子固体電解質を有機電解液に置き換えた電池を試作して測定した結果を示す。縦軸は充電／放電時の出力電圧の推移で、横軸は電池セルの充電／放電容量を示しており、図はそれぞれの2回目の充放電カーブである。単位重量当たりおよそ140mAh/gの容量が得られており、固体電池であるフィルム電池が有機電解液を用いた従来電池と遜色なく良好に充放電動作することが示された。

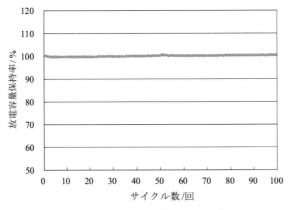

図3　試作したフィルム電池のサイクル特性

　図3は試作したフィルム電池の充放電サイクル特性を示す。1回目の充電を終えたときの放電容量を100%として、2回目以降の放電容量を容量保持率として繰り返し測定している。一般に固体電池は電解質が反応劣化しにくいので、有機電解液を用いた従来電池に比べてサイク

ル特性が向上する。フィルム電池でもその点は期待通りに機能している。長期間のサイクル評価には、なお時間を要するが、25℃ − 0.3C の測定条件で 100 サイクルでは全く容量低下はみられない。

つぎに試作フィルム電池の放電レート特性の測定結果を図 4 に示す。

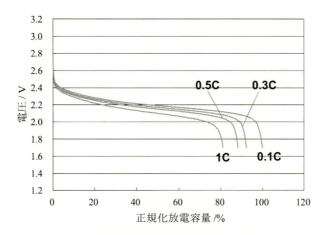

図 4　試作フィルム電池の放電レート特性

ここで放電レート特性というのは、電池の公称容量をちょうど 1 時間で放電終了する電流で放電する条件を 1C レートと定義した場合に、その 2 倍の電流（2C レート）や半分の電流（0.5C レート）で放電した時に総放電量がどのように変化するかを特性としてみるものである。図 4 は 0.1C の放電レートを基準にして、それより放電レートが上った場合に（放電電流を大きくした場合に）どれだけの電流総量が取り出せるかをパーセント表記で比較している。放電レートの増加とともに放電容量が低下することは 2 次電池の一般的な特性であるが、固体電池では有機電解液を用いた従来電池よりレート特性が劣ることが多い。それは電解質自体のイオン伝導度が低いことや、電解質と電解質、あるいは電解質と活物質との界面抵抗の大きさが電池の内部抵抗になることに起因し、固体電池を開発している各社がこのレート特性を上げることに注力している。フィルム電池においてもこのレート特性の向上を重要な位置付けで検討している。

フィルム電池のレート特性を妨げる要因として、大きくは以下の二つが考えられる。一つは高分子固体電解質と無機固体電解質の界面で大きな Li イオン移動抵抗が生じていることである。そしてもう一つは無機固体電解質の粒子界面を接合する高分子固体電解質自体のイオン伝導度が低いことである。前者については学術的にも様々な研究や改善の取り組みがなされており[2,7,8]、本テーマでも現在、酸化物系無機固体電解質と高分子固体電解質の接合界面で生じるポテンシャルエネルギー障壁に着目した改善を検討している。一方で後者についてはポリマー組成の改善アプローチで効果が確認されている。

2. フィルム電池の実用性評価

2.1 フィルム電池の安全性と太陽電池接続評価

2次電池では電池の過充電、過放電が充放電特性やサイクル特性を悪化させ、特に有機電解液を使用したリチウムイオン電池では安全性の観点からも充放電時の電流制御が重要である。過充電や高レートでの充電で電池が発火、破裂する事故も発生している。そのため、一般的に太陽光発電のように不安定な電流供給源をリチウムイオン電池の入力に接続する際には、相応の制御回路を介して充電することが必須の要件になる。フィルム電池は電解液を用いないので、この過充電や過放電に対する懸念が払拭される安全な電池となり得る。太陽電池が発電した電流を、充電制御回路を用いずそのまま接続して充電することも可能になる。図5は試作したフィルム電池を有機薄膜太陽電池と直接接続して、太陽電池の発電電流をそのまま充電した場合の充電特性とその放電特性を示す。

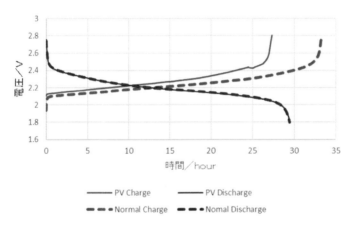

図5 太陽光発電による充電評価結果

太陽電池で充電した時の放電カーブ（PV Discharge）と定電流供給装置から充電した場合の放電カーブ（Normal Discharge）が一致しており、太陽電池を電源とすることに全く問題はない。このようにフィルム電池は太陽電池との相性がよく、発電デバイスと蓄電デバイスを一体化した蓄発電デバイスを構成することも可能である。

2.2 フィルム電池の出力特性評価

試作したフィルム電池は0.15mmの薄さを達成したが、電池の薄さは容量の低下に直結する。従って、容量は電池の面積で稼ぐ必要がある。大面積のフィルム電池を丸めたり畳んだり、あるいは重ねて容量を得ることは可能である。しかし電池の容量不足は、単に電池の使用時間の問題だけではなく、瞬時に大きな電流を流す用途では内部抵抗による出力電圧ロスが大きくな

るという点でも問題になる。試作したフィルム電池の内部抵抗が具体的な用途において、どの程度問題になるかを検証するために、フィルム電池を市販の電動アシスト自転車の駆動バッテリーに用いた場合を想定して、内部抵抗の実用性を評価した。

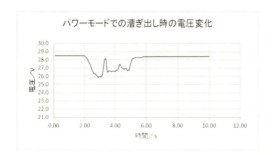 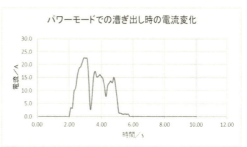

図6　市販電動アシスト自転車の負荷特性

図6は国産電動アシスト自転車（ブリヂストン：アシスタベーシック A6BD18, バッテリーパック P6034 = 25.2V / 6.3Ah）を平地パワーモード走行した際に、漕ぎ出し時に瞬発的にアシストモーターへ流れる電流とその時のバッテリー電圧降下の様子を測定した結果である。漕ぎ出しの最初にペダルを踏みこんだ時、バッテリーから最大22.5Aの電流が供給され、その際に約2.5Vの電圧降下（IRドロップ）が観測された。このことから、このバッテリーパックでは負荷応答時に

$$2.5V / 22.5A \fallingdotseq 111m\Omega$$

の内部抵抗が生じていたことがわかる。

他方、2.5V / 7.5mA 容量のフィルム電池でDCモータを駆動した際の初動電流・電圧を測定して、同様にフィルム電池の負荷応答時の内部抵抗を計算すると

$$IRドロップ / 突入電流 = 0.95V / 0.1A = 9.5\Omega$$

であった。従ってこのフィルム電池を電動アシスト自転車のバッテリーと同じ6.3Ahの容量まで並列接続した場合の電池の内部抵抗は、オームの法則から11mΩと計算される。電動アシスト自転車のバッテリー電圧が25V定格であるから、上記容量のフィルム電池を10個直列に接続した際の電池トータルの内部抵抗は110mΩとなり、市販のバッテリーパックとほぼ同じ値となる。つまり、現行のフィルム電池試作品を25V/6.3Ahまで大面積に積層した電池パックは、実際の電動アシスト自転車の駆動に耐える応答性を有することが示された。

なお、フィルム電池と既存電池のコスト比較について、フィルム電池は従来電池と同様の正極／負極材料に僅かの固体電解質材料が必要になるが、その部分が全体のコストに占める割合は軽微である。よってコスト競争力は製造時の量産性に関わる部分が大きい。印刷製法という利点をいかにコスト低減に反映できるかが重要になるといえる。

2.3 フィルム電池のアプリケーション例

図7に試作したフィルム電池（容量3.6mAh）に市販の有機EL照明（コミカミノルタ株式会社：有機EL照明モジュール「A9F4C0A」）を貼り合せて点灯した様子を示す。2.4V-5.9mA定格仕様の照明が良好に点灯し、フィルム電池はこの様に薄さやフレキシブル性を特徴とする照明やディスプレーのデザイン性を損ねずに電気を供給する用途に適した2次電池であるといえる。また、他にも固体電池の特長である安全性や充放電サイクル寿命の長さ、広い動作温度範囲などを活用した用途など、従来のリチウムイオン電池より広範囲な使用方法での利用が考えられる。例えば太陽電池との組み合わせでは、事実上、電池は無制限に充電を繰り返すことになるが、電解質の劣化が少ないフィルム電池はそのような条件化においても好適に利用できる電池である。

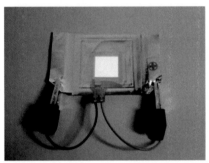

図7 試作フィルム電池で有機EL照明を点灯した様子

2.4 競合状況からみるフィルム電池の特徴比較

フィルム電池は液体電解質電池との対比が可能なレベルで実用性が示された。一方で固体電池は他にも様々な形状や用途で開発が進められている。フィルム電池が形状や容量（ワット密度）など、既存の電池や開発中の他の電池と比べて何が特長で何が劣るかを図8に比較して示した。

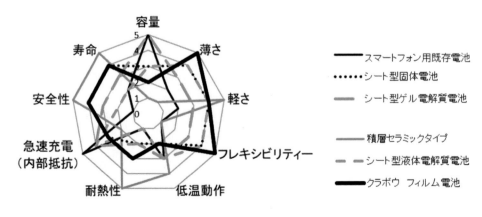

図8 各種電池の比較

既存のLiイオン電池（スマートフォン用など）は、電池容量は大きいがその他の点で様々な課題があり、それに対応する各種電池が存在する。中でも最近実用化が進んでいる積層セラミックタイプの電池は小型で安定な点に重点を置き、電子部品としての用途に明確なターゲティングがなされていることがわかる。また液体電解質をゲル化してシート状に塗工する電池もあるが、総じて優れた特性で様々な用途への展開が可能な反面、際立った特徴が薄いとも言えるのではないだろうか。このようにみると、フィルム電池は薄さや柔軟性において突出しており、寿命や安全性において優位性のある電池であることがわかる。市場性において各種の電池には棲み分けがあると言え、フィルム電池も他にはない特徴を持った電池であることがわかる。

おわりに

耐熱性、導電性、ガスバリア性など特殊な機能を付与した機能フィルムが各種開発・発表されているなかで、蓄電機能を有するフィルムという点に新しさを求めたフィルム電池の開発状況について紙面をお借りして報告した。0.1mmレベルの薄さを実現するフィルム形状の電池を印刷で大量に生産する手法とその実用性が確認できた。一方で、電池の薄さの追求は電池の容量低下と表裏な関係にある。従ってフィルム電池はそれ単体での製品化もさることながら、薄膜太陽電池等の発電シートと一体化するなどして常に充電を行いながら、適宜電気を使用する用途への応用に適していると考えられる。太陽光などの自然エネルギーを効率よく蓄電できて面倒な充電操作が不要な電源用のデバイスだと考えると、従来の2次電池にはない新たな価値が生まれるのではないかと期待している。

謝辞

本開発評価において、ポリマー電解質材料の提供と電池性能評価にご協力を頂いた第一工業製薬株式会社様に御礼申し上げます。

参考文献

1) 辰巳砂昌弘, 林晃敏, 化学, 67, 19-23 (2012)
2) Jeong-Hee Choi, Chul-Ho Lee, Ji-Hyun Yu, Chil-Hoon Doh and Sang-Min Lee, Journal Power Sources, 274, 458-463 (2015)
3) Noriaki Kamaya, Kenji Homma, Yuichiro Yamakawa, Masaaki Hirayama, Ryoji Kanno, Masao Yonemura, Takashi Kamiyama, Yuki Kato, Shigenori Hama, Koji Kawamoto and Akio Mitsui, Nature Materials, 10, 682-686 (2011)

4) 鈴木耕太, 平山雅章, 菅野了次, Material Stage, 16, 9-15 (2017)
5) 宇根本篤, 吉田浩二, 池庄司民夫, 折茂慎一, Material Stage, 16, 16-24 (2017)
6) 藤田正博, Material Stage, 16, 25-29 (2017)
7) Narumi Ohta, Kazunori Takada, Lianqi Zhang, Renzhi Ma, Minoru Osada and Takayoshi Sasaki, Advanced Materials, 18, 2226-2229 (2006)
8) Masaki Kato, Koji Hiraoka and Shiro Seki, Journal of Electrochemical Society, 167, 070559 (2020)

第3章

次世代型二次電池の開発動向

第3章　次世代型二次電池の開発動向

第1節　ナトリウムイオン電池用層状酸化物の研究開発

横浜国立大学　藪内 直明

はじめに

　脱炭素社会の実現に向けて電気自動車の市場拡大が必要とされている。現在、電気自動車用途で使われているリチウムイオン電池の正極材料において、コバルトを使わないニッケル系材料の実用化が急速に進みつつある。一方で、電気自動車のこれ以上の普及には電池のコスト低減が不可欠であり、その実現には、ニッケルを用いることなく、より資源が豊富で安価なマンガンや鉄をベースとした正極材料の開発が必要である。[1] また、リチウムイオン電池において中心的な役割を果たしているリチウムについても、我が国は全ての資源を海外からの輸入に依存しているため、汎用元素であるナトリウムへの代替の期待が高まっている。[2] リチウム金属とナトリウム金属の標準電極電位を比較すると、ナトリウム金属のほうが0.33 V 高いため、電池として得られる電圧とエネルギー密度は必然的に低くなるものの、電池として利用する際にはナトリウムイオンがリチウムイオンと比較して有利になる点もいくつか存在する。例えば、リチウムイオンとナトリウムイオンは同じ+1価のカチオンであるため、イオン半径を比較するとナトリウムイオン (1.16 Å) のほうがリチウムイオン (0.90 Å)[3] よりも大きいため、電荷密度は低いという特徴を有する。結果として、ナトリウムイオンはリチウムイオンと比較して、より弱く固体中の酸化物イオンや電解液中の溶媒イオンに配位されることになるため、イオンが固体中を移動しやすい、また、電解液がより高いイオン伝導性を示す、といった現象もしばしば観察される。このような特徴は、急速充電特性といった、既存の高エネルギー密度型のリチウムイオン電池では不可能な電池設計の実現にも繋がり、低コストというだけではなく、より高い付加価値を有する電池系の実現に繋がることも期待できる。

1　マンガン系層状正極材料

　リチウムを含有するマンガン系酸化物は、一般にスピネル型構造やジグザグ層状構造が安定となり、$LiCoO_2$ のような O3 型層状酸化物は安定に存在しない。ここで、O3 型層状材料とは、Delmas によって提唱された層状構造の分類であり、[4] "O" はリチウムが CoO_2 層の間で六配位八面体 (octahedral) サイトに存在することを意味しており、"3" は単位格子中に含まれる CoO_2 層の数を示している。一方、ナトリウムを含有するマンガン系酸化物の一種である $NaMnO_2$ は、$LiCoO_2$ と同様に O'3 型層状構造となることが知られている。ここで O に付いているプライム (') は MnO_2 層が歪んでいることを示しており、これは、低スピンの Co^{3+} (t_{2g}^6) イオンとは異なり高スピン Mn^{3+} ($t_{2g}^3 e_g^1$) イオンが典型的な Jahn-Teller イオンであることに起因している。O'3

型の $NaMnO_2$ はナトリウムイオン電池用の正極材料としてもこれまでに実際に研究されているが、電池材料として利用するには、ナトリウム挿入/脱離時の構造変化の可逆性が低いことが問題であった。[5] そこで、構造の安定化を実現するために、Mn^{3+} イオンの一部を Ti^{4+} で置換した試料を合成することで、構造の歪みを緩和するとともに、化学的な安定性の向上の実現を検討した。図1に $x\ NaMnO_2 - (1-x)\ TiO_2$ の二元系材料において、x の値を 1.0 から 0.5 まで代えて合成した試料のX線回折図形を示す。図1に示すように $x = 1.0$ の試料のX線回折図形は O'3 型の $NaMnO_2$ に帰属され、また、SEM 像から、一次粒子サイズが約 1 μm 程度のサイズとなっていることが確認された。しかし、Ti の含有量が増えていくと、図1に示したような一次元のナトリウムの拡散パスを有するトンネル型の構造が安定となることが確認された。これは、$Na_4Mn_4Ti_5O_{18}$ の組成を有する材料として帰属が可能であり、$x = 0.9$ の試料でも若干ではあるものの、その存在が確認された。これら試料の詳細な構造解析を行った結果、一部の Ti は層状構造の Mn を置換する形で存在していることも確認されている。[6]

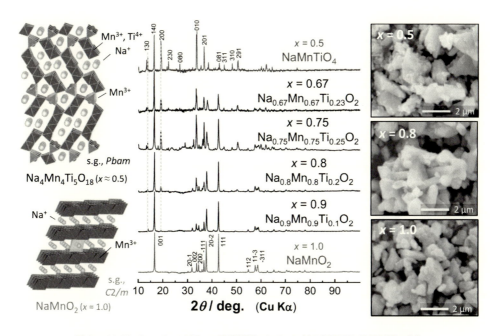

図1 $x\ NaMnO_2 - (1-x)\ TiO_2$ 二元系材料におけるX線回折図形と粒子形態の変化。結晶構造の模式図も合わせて示している。

図2a に $NaMnO_2 - TiO_2$ 二元系材料の充放電曲線を示す。Ti の置換量が増えるにつれ、可逆容量が低減することが確認された。しかし、サイクル特性については Ti の置換量が増えるにつれ明確の向上することも確認された。Ti を置換していない化学量論組成の $NaMnO_2$ においては、初回放電容量は約 200 mA h g^{-1} と比較的大きいものの、10 サイクル後には約 20% の容量が失われることが確認された。10 サイクル後の電気化学セルを解体し、セル内部のセパレー

ターを観測したところ、茶色に着色していることも確認された (図2b)。これは、$NaMnO_2$ から充放電サイクル中にマンガンが電解液に溶出したことを示す結果であり、容量低減の理由であると考えられる。一方、Tiで置換した試料 ($x = 0.2$, $Na_{0.8}Mn_{0.8}Ti_{0.2}O_2$) ではこのようなセパレーターの着色が確認されず、化学的な安定性が高いTiで置換することで、電解液に対する溶出を明確に抑制できる傾向にあることが確認された。また、Tiを置換していない試料では、充放電中に明確な電位平坦部が存在することが確認され、これは充放電中に固体中のナトリウムイオン同士の静電反発とMnサイトにおける電荷の秩序配列の影響が大きく、二相共存反応が進行しやすいことを示唆している。一方、Tiで置換した試料では相変化挙動に明確な違いが見られる。これは、Ti置換試料では電荷の秩序配列が乱される結果であると考えられ、図2cに示した微分容量曲線からも明確なピークが観測されないことがわかる。Tiの置換により、層状材料に由来する相変化挙動が変化し、さらに、トンネル型構造の試料では相変化が明確に抑制される傾向にあることが分かる。また、図2dに示すようにトンネル型構造の試料は容量は少ないものの、優れたサイクル特性を示すことも確認されている。

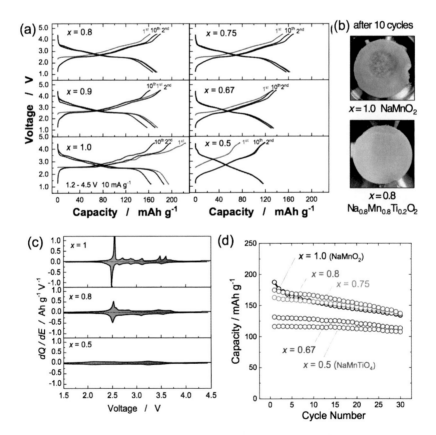

図2 x $NaMnO_2$ – (1-x) TiO_2 二元系材料の電気化学特性；(a) 定電流充放電曲線、(b) サイクル試験後のセパレーターの写真、(c) 微分容量曲線、(d) 放電容量の推移

さらに、Tiの置換の影響が電気化学特性に与える影響について詳細に調べるために、Ti未置換のNaMnO$_2$とNa$_{0.8}$Mn$_{0.8}$Ti$_{0.2}$O$_2$の電気化学特性について比較した結果を図3に示す。先ずは間欠充放電とその際の開回路電位変化について比較したところ (図3a)、Ti置換試料では充放電時の分極が明確に減少していることが確認されている。さらに、図3bに示したレート特性の比較の結果、レート特性もTi置換試料で大きく向上しており、1280 mA g^{-1}という電流値でも140 mA h g^{-1}を超える容量が得られることが確認された。上述したようにNaMnO$_2$においてはMnの電解液への溶解を生じる結果、NaMnO$_2$粒子が合剤電極内部において電気的な接触が一部失われるため、入出力特性の低下に繋がるものと考えられる。優れた電気化学特性を示したNa$_{0.8}$Mn$_{0.8}$Ti$_{0.2}$O$_2$について、さらに定電流と定電流定電位充電によるサイクル特性への影響を調べた。その結果、4.2 Vで定電位充電を行うことで、サイクル特性がさらに改善されることが確認された。(図3c) また、50 mA g^{-1}の電流による加速劣化試験の結果、100サイクル後でも初期の約85%の容量を維持しており、Na$_{0.8}$Mn$_{0.8}$Ti$_{0.2}$O$_2$は高容量なMn系正極材料として優れた特性を示すことが確認された。[6]

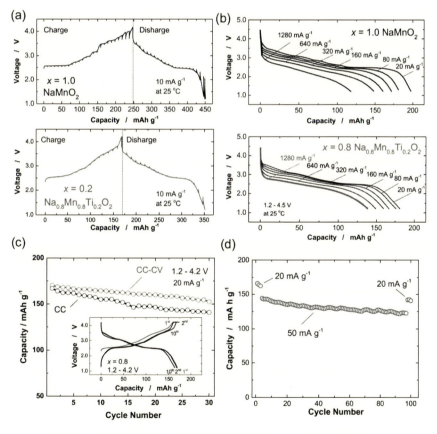

図3 (a, b) NaMnO$_2$とNa$_{0.8}$Mn$_{0.8}$Ti$_{0.2}$O$_2$における電極特性の比較 (a) 間欠充放電と開回路電位変化、(b) レート特性、(c, d) Na$_{0.8}$Mn$_{0.8}$Ti$_{0.2}$O$_2$の電極特性 (c) 定電流 (CC) と定電流定電位 (CCCV) 充電のサイクル特性の影響、(d) 50 mA g^{-1}の電流密度による加速劣化試験

2 チタン系層状負極材料

リチウムイオン電池用負極材料としては黒鉛が広く用いられており、大きな容量とリチウム金属に近い電位で反応を示すという特徴を有している。一方で、ナトリウムイオンは黒鉛中には電気化学的な還元により挿入することができないため、[7] ナトリウムイオン電池用の負極材料としては構造中にナトリウムを吸蔵可能な細孔構造を有するハードカーボンがその候補として研究されている。しかし、天然にも産出する黒鉛と比較すると、ハードカーボンの合成は高温での焼成が必要であり、現状ではコストが高いことが問題として上げることができる。[8] そこで、より安価な負極材料として候補となっているのがチタン系の負極材料である。[9] これまでに、多くのチタン系負極材料が報告されており、$Na_{0.67}Cr_{0.67}Ti_{0.33}O_2$ といった負極材料が知られている。$Na_{0.67}Cr_{0.67}Ti_{0.33}O_2$ は P2 型の層状構造に分類され、"P" はナトリウムが遷移金属イオン酸化物層状の間で六配位三角柱 (prismatic) サイトに存在することを意味しており、"2" は単位格子中に含まれる移金属イオン酸化物層の数を示している。$Na_{0.67}Cr_{0.67}Ti_{0.33}O_2$ は負極材料として非常に高い可逆性を示すだけでなく、その電位も平均して 0.7 V 程度と比較的低く、さらに、急速充電時にもナトリウム金属析出を起こさないことから安全性の高い電池実現に繋がる可能性を有している。しかし、$Na_{0.67}Cr_{0.67}Ti_{0.33}O_2$ の可逆容量は 80 mA h g^{-1} 程度に限られることから、その高容量化、また、Cr を他の汎用元素へ置換することが求められていた。

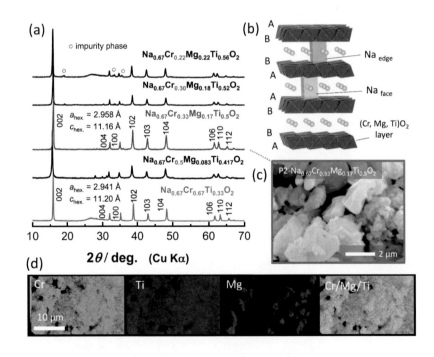

図 4 (a) $Na_{0.67}Cr_{0.67-x}Mg_{x/2}Ti_{0.33+x/2}O_2$ ($0 \leq x \leq 0.45$) における X 線回折図形の変化、(b) P2 型層状構造を有する $Na_{0.67}Cr_{0.33}Mg_{0.17}Ti_{0.5}O_2$ ($x = 0.33$) の結晶構造の模式図、及び、(c) SEM 像、(d) エネルギー分散型 X 線分光により得られた元素分布マップの比較

そこで、$Na_{0.67}Cr_{0.67}Ti_{0.33}O_2$ において、Cr^{3+} を Mg^{2+}/Ti^{4+} の組み合わせで置換、つまり、$Na_{0.67}Cr_{0.67-x}Mg_{x/2}Ti_{0.33+x/2}O_2$ ($0 \leq x \leq 0.67$) の組成の材料の合成が可能であるか検討を行った。[10] 図4a にはこれらの組成の材料について合成を試みた結果をしめしている。実際に $0 \leq x \leq 0.33$ の組成で P2 型の層状酸化物が実際に合成可能であることが確認された。図4b には $x = 0.33$ の組成となる P2 型層状構造を有する $Na_{0.67}Cr_{0.33}Mg_{0.17}Ti_{0.5}O_2$ の結晶構造の模式図、また、その SEM 像を図4c に示している。エネルギー分散型 X 線分光により得られた元素分布マップ (図4d) より、Cr, Mg, Ti が均一に分布していることからも $Na_{0.67}Cr_{0.33}Mg_{0.17}Ti_{0.5}O_2$ が単一相として合成できていることが確認された。

図5 に $Na_{0.67}Cr_{0.67}Ti_{0.33}O_2$ ($x = 0.0$) と $Na_{0.67}Cr_{0.33}Mg_{0.17}Ti_{0.5}O_2$ ($x = 0.33$) の電極特性の比較を行った結果を示す。図5a に示すように Mg で置換した試料はより軽くなるため、可逆容量が向上し、95 mA h g^{-1} の可逆容量が得られることが確認された。また、Mg 部分置換によってサイクル特性に影響を受けることは確認されなかった。(図5b) さらに、図5c には両試料における3サイクル目における充放電曲線の比較をしている。両試料とも充放電時の分極は非常に小さく、充放電時のエネルギー効率が非常に高い材料であるといえ、Mg 部分置換による

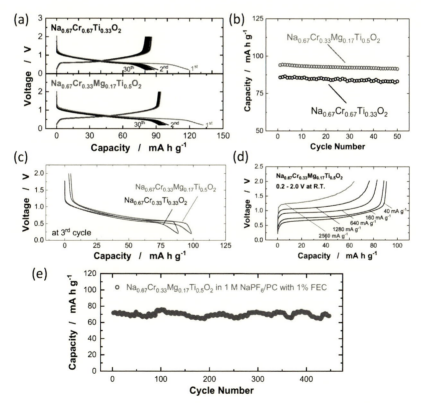

図5 (a-c) $Na_{0.67}Cr_{0.67}Ti_{0.33}O_2$ ($x = 0.0$) と $Na_{0.67}Cr_{0.33}Mg_{0.17}Ti_{0.5}O_2$ ($x = 0.33$) の電極特性の比較 (a) 定電流充放電曲線、(b) 放電容量の推移、(c) 3サイクル目における充放電曲線の比較、(d, e) $Na_{0.67}Cr_{0.33}Mg_{0.17}Ti_{0.5}O_2$ の電極特性 (d) レート特性、(e) 100 mA g^{-1} の電流密度による加速劣化試験

特性の劣化は確認されなかった。さらに、$Na_{0.67}Cr_{0.33}Mg_{0.17}Ti_{0.5}O_2$ のレート特性を評価したところ、2560 mA g^{-1} という電流値でも 60 mA h g^{-1} を超える容量が得られれており、これも、$Na_{0.67}Cr_{0.67}Ti_{0.33}O_2$ と同等といえる性能であることが確認された。[10] さらに 100 mA g^{-1} の電流密度による加速劣化試験の結果、電解液として $NaPF_6$ をプロピレンカーボネート (PC) に溶解させた溶液を電解液として、また、1% のフルオロエチレンカーボネート (FEC) を添加剤として加えることで、450 サイクル後でも放電容量の低下を生じないことが確認され、非常に優れたサイクル特性を示す材料であるといえる。

3 おわりに

本稿ではナトリウムイオン電池用電極材料の研究について紹介した。正極としてマンガン系層状酸化物、負極としてチタン系層状酸化物が優れた電池特性を示すことが確認されている。これまでの蓄電池の研究開発はエネルギー密度という観点を偏重する傾向が強かったといえる。しかし、ナトリウム、マンガン、チタンといった資源の汎用性 (= 材料コスト) という観点に加え、急速充電特性、寿命、安全性といった観点からもナトリウムイオン電池はリチウムイオン電池に対しても独自の機能性を提供可能な電池系になり得る可能性を有している。今後、社会における蓄電池の果たすべき役割がさらに大きくなることは間違い無いため、高エネルギー密度化を志向したリチウムイオン電池とは異なる観点から、ナトリウムイオン蓄電池の実用化と新しい市場の構築に繋がることを期待してやまない。

参考文献

1) E. A. Olivetti, G. Ceder, G. G. Gaustad and X. Fu, Joule, 1, 229 (2017).
2) N. Yabuuchi, K. Kubota, M. Dahbi and S. Komaba, Chem. Rev., 114, 11636 (2014).
3) R. D. Shannon, Acta Crystallogr., Sect. A, 32, 751 (1976).
4) C. Delmas, C. Fouassier and P. Hagenmuller, Physica B & C, 99, 81 (1980).
5) X. H. Ma, H. L. Chen and G. Ceder, J. Electrochem. Soc., 158, A1307 (2011).
6) T. Sato, K. Yoshikawa, W. Zhao, T. Kobayashi, H. B. Rajendra, M. Yonemura and N. Yabuuchi, submitted.
7) Y. Kondo, T. Fukutsuka, K. Miyazaki, Y. Miyahara and T. Abe, J. Electrochem. Soc., 166, A5323 (2019).
8) C. Vaalma, D. Buchholz, M. Weil and S. Passerini, Nature Rev. Mater., 3, 18013 (2018).
9) Y. Tsuchiya, K. Takanashi, T. Nishinobo, A. Hokura, M. Yonemura, T. Matsukawa, T. Ishigaki, K. Yamanaka, T. Ohta and N. Yabuuchi, Chem. Mater., 28, 7006 (2016).

10) R. Umezawa, Y. Tsuchiya, T. Ishigaki, H. B. Rajendra and N. Yabuuchi, Chem. Commun., 57, 2756(2021).

第 3 章　次世代型二次電池の開発動向

第 2 節　カリウムイオン二次電池用高電圧正極材料の開発

国立研究開発法人産業技術総合研究所　マセセ　タイタス
国立大学法人電気通信大学　カニョロ　ゴドゥウィリ　ビティ

はじめに

　エネルギーセキュリティの向上や CO_2 排出量の削減に向け、エネルギー貯蔵媒体は必要不可欠なものであり、高性能かつ低価格な蓄電池の開発が必須である。資源面での優位性のみならず、リチウムイオン二次電池に比類する 4 V 級の高電圧電池系を実現可能という利点から、次世代大型蓄電池の現実解としてカリウムイオン二次電池が有望視される。特にカリウムイオン（K^+）二次電池は、リチウムイオン二次電池と同様に黒鉛を負極材料に用いることができるため、既存の生産設備を流用できるという利点がある。さらに、黒鉛は作動電位が 0 V（vs. K^+/K）に近いので、リチウムイオン二次電池と同等かそれ以上の作動電圧が高い蓄電池として見込まれている。4V 級のセル電圧を示すカリウムイオン二次電池が実現できれば、ユビキタス情報化社会を担う情報機器や人工内耳等のような小型電子機器の電源としてだけにとどまらず、ハイブリッドカーや電気自動車用の高性能蓄電池として期待されている。

　しかしながら、K^+ のイオン半径は大きいため、可逆に大型カリウムイオン（K^+）を授受できる電極材料、特に正極材料の開発は進んでいなかった。また K^+ のイオン体積、原子量のいずれもリチウムイオンの半径と比較して 6 倍以上かさばるため、リチウムイオン二次電池用正極材料の探索指針をそのまま流用できない。現在、電圧・エネルギー密度上のハンディキャップ打開のため、新たな発想の材料設計が求められる。これまでに様々な正極材料群が検討されており、特に有機系とポリアニオン系正極材料が高い電圧（ひいては高いエネルギー密度）を発現することが報告されている。本稿では、まずカリウムイオン二次電池の正極材料群に関する最近の動向と課題について述べる[1-15]。さらに層状型酸化物系正極材料に焦点を当て、ハニカム層状型酸化物系正極材料について紹介する。

1　カリウムイオン二次電池正極材料群の開発

　上述したように、正極材料はカリウムイオン二次電池の高電圧化・高エネルギー密度化を阻む 1 つの原因である。図 1 に種々の正極材料の理論容量と得られる電位を示す。正極材料は主に有機系、ポリアニオン系と層状系に大別され、以下にそれぞれの正極材料について紹介する。またそれぞれの材料群の利点、課題、そして残された課題を図 2 にまとめている[10-19]。

第3章 次世代型二次電池の開発動向

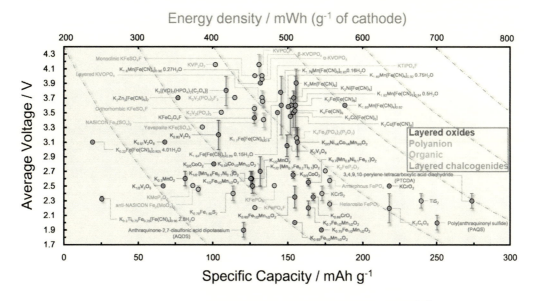

図1　カリウムイオン二次電池用正極材料の理論容量と得られる平均電位[10-19]

1.1　有機系正極材料

　大型カリウムイオンが出入りできる「隙間」を有し、かつ低廉な組成（炭素、水素と酸素）からなっているため、数多くの有機材料が正極材料の候補として検討されている。しかし、有機系正極材料として利用するには解決すべき課題として、①電子伝導性が低いため導電助剤を多く必要とするため電極全体当たりでの容量が低いこと、②充放電時における有機電解液への溶出(分解)がある。その解決策として図2に示すように、導電性高分子の被覆(複合)やナノ粒子化などが挙げられている[2]。

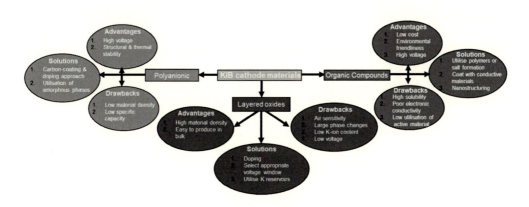

図2　カリウムイオン二次電池用正極材料群の利点、残された課題と解決策[2]

071

1.2 プルシアンブルー系正極材料

現在主流のプルシアンブルー系正極材料である Prussian Blue で様々な組成が試みられ、とりわけ低廉な組成からなる $K_2MnFe(CN)_6$、$K_2Fe_2(CN)_6$ などが提案されている[1,26]。理論容量が比較的高く、高い電位域で可逆にカリウムイオンを授受できる柔軟な骨格を持つことで盛んに研究されている。図3は $K_2Fe_2(CN)_6$ の充放電曲線を示し、高い電位域で可逆なカリウムイオンの出入れが確認されている。しかし、有機系正極材料と同じく、①電子伝導性が低いため導電助剤を多く必要とするため電極全体当たりでの容量が低いこと、②充放電時における有機電解液への溶出(分解)が主な課題である。その解決策として、微粒子化や導電性高分子の被覆などが挙げられている[2]。

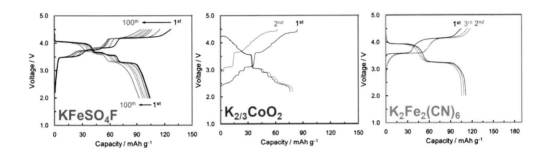

図3　代表的なカリウムイオン二次電池用正極材料群の充放電極線[20) 22) 26)]

1.3 ポリアニオン系正極材料

結晶構造に DO_4 四面体（D = P, S, Mo, etc）、P_2O_7 八面体などを含む正極材料はポリアニオン系正極材料と呼ばれている。現在までにリチウムイオン二次電池のポリアニオン系正極材料に応用されているポリアニオン化合物の組成をカリウムに置き換えたものが多種報告されており[3, 20-24]、図1にその一例を示す。特にバナジウムを含む $KVOPO_4$、$KVPO_4F$、KVP_2O_7 などのような PO_4 系材料群が4Vと高い電位を発揮し注目を集めている[1]。またポリアニオン系材料は DO_4 によって連結された3次元の強固な結晶構造を有し、優れた熱的・化学的安定性を持つことから、カリウムイオン二次電池の高エネルギー密度材料として現在までに多くの研究がなされている[4]。コスト面、資源面で最も魅力的なポリアニオン正極材料の一つが $KFeSO_4F$ であり、その充放電曲線を図3に示す。ポリアニオン系正極材料の充放電過程において、例えば Fe^{2+}/Fe^{3+} のような遷移金属のレドックスが高い電位で起きることは単純なイオン化エネルギーの解釈では説明できず、D-O間結合がFe-O結合に比べて相対的に強い共有結合性を有し、遷移金属－酸素結合のイオン結合性が大きくなるという効果をもたらすことが原因だと考えられる。遷移金属－酸素結合のイオン性を高めるということは電位を高める効果（inductive effect）[5]がある一方で、遷移金属の価電子のホッピングを遮り、電子伝導性が低くなるといっ

た短所にもつながっている。電子伝導性の低さは高速充放電下で不利に働き、ポリアニオン系材料の共通の課題であるといえる。その解決策としてカーボンの担持化、遷移金属元素のドープやナノ粒子化（微粒子化）など種々の工夫が試みされている[6]。

1.4 層状型正極材料

現在市販されているリチウムイオン二次電池の正極に主として用いられている $LiCoO_2$ のような層状型酸化物材料をカリウムに置き換えた K_xCoO_2（x < 1）がカリウムイオン二次電池の層状型酸化物系正極材料（layered oxides）として提案されていた[7]。また Ni、Fe や Mn は Co と比較して安価で資源の量も豊富である為、カリウムの原材料コストだけでなく遷移金属（正極材料）のコストの低減を狙って K_xMnO_2（x < 1）や $K_xFe_{0.5}Mn_{0.5}O_2$、$K_xMn_{0.8}Ni_{0.1}Fe_{0.1}O_2$ 等のような複合酸化物系材料の研究も盛んである[8]。また $KCrS_2$ のような硫化物系層状型正極材料（layered chalcogenides）も研究されている[9]。カリウムイオン二次電池の層状型正極化合物群の主な特徴は①合成が簡便、②高い理論容量と③比較的高い電子伝導性を有することが挙げられる[10]。しかし、カリウムのイオン半径が大きいことによりカリウムを含む層状型正極材料は広い遷移金属層間距離を有し、リチウム系層状型正極材料と比較して低い電位を示すのが問題視されている[11]。図3は代表的な層状型正極材料である $K_{2/3}CoO_2$ の充放電曲線を示し、平均電位が約3Vとなっている。4V級のカリウムイオン二次電池の創製には、高い電位を示す層状型正極材料群の開発が必須である。

2 高電位層状型正極材料の開発

前項に述べたように、多くのカリウムイオン二次電池用層状型正極材料は低い電位を示し、高電圧系電池を構築する候補材料としては最適ではないであろう。作動電位の向上のためには、新しい設計指針が必要である。高電圧を発揮し得る新層状型構造材料として次にカリウム含有ハニカム層状型化合物群（potassium-based honeycomb layered compounds）の結晶構造や電極特性や反応機構について述べる。

2.1 ハニカム層状型正極材料の結晶構造

カリウム含有ハニカム層状酸化物は、$K_2M_2DO_6$、$K_3M_2DO_6$、K_4MDO_6 などのような化学組成を有している[16-19, 20,25]。ここで M は主に Ni、Co、Zn、Co などの遷移金属種であり、D は Te、Sb、Bi などのカルコゲン（第16族元素）またはプニクトゲン金属種（第15族元素）を示す。本章で着目するハニカム構造を持つ $K_2M_2DO_6$（$K_{2/3}M_{2/3}D_{1/3}O_2$）層状型化合物は、図4に示すよう稜共有の MO_6 八面体が DO_6 八面体を囲んだ形の層状格子を形成し、K 原子層と交互に積層している。M と D の原子価状態とイオン半径の違いにより、ハニカム構成で複数の MO_6 八面体と共有結合した DO_6 八面体を含む別個のスラブが形成される。これらのスラブからの酸素原子は、次に K 原子と弱い配位を形成し、図4に示すように、平行な MO_6 と DO_6 の八面体

スラブの間に挟まれた K アルカリ原子の層状構造をもたらす。特に、電気陰性度の高い Te を含む $K_2M_2TeO_6$ （$K_{2/3}M_{2/3}Te_{1/3}O_2$）組成において高い電圧・高エネルギー密度を有することが近年報告されている。

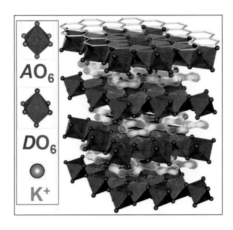

図4　ハニカム層状型構造を有する $K_{2/3}D_{2/3}A_{1/3}O_2$ 等の組成の化合物群

2.2　ハニカム層状型正極材料（一例）の電極特性

図5には、$K_2M_2TeO_6$ (M = $Ni_{0.75}Co_{0.25}$ および M = $Ni_{0.75}Mg_{0.25}$) の組成を持つカリウム含有ハニカム層状酸化物の充放電曲線を示す。新規正極材料の性能を十分に捉えるため、上限電圧 4.7V で下限電圧は 1.3V に設定した。また高電圧域で安定に作動できるイオン液体を用いた。通常のカリウム含有層状型酸化物は低い電圧を示すが、$K_2M_2TeO_6$ (M = $Ni_{0.75}Co_{0.25}$) を代表するハニカム層状型酸化物は約 4V 付近で平坦部がみられ、ハニカム層状酸化物は高電位作動するカリウムイオン二次電池用正極材料として有望である。一方で、この材料の理論容量は約 128 mAh g^{-1} であり、充放電容量を十分に引き出すために電極の製造プロセスを改善する必要がある。

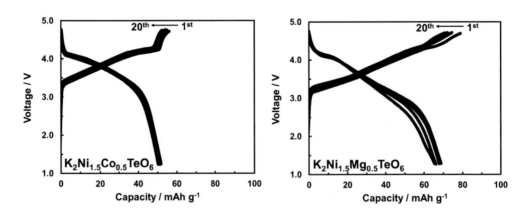

図5　25oC における $K_2Ni_{1.5}Co_{0.5}TeO_6$ および $K_2Ni_{1.5}Mg_{0.5}TeO_6$ カリウムイオン二次電池用正極材料群の充放電極線 16

3 高圧系カリウムイオン二次電池の創製

3.1 候補電極材料の選定

　前項では、高電位を発現するプルシアンブルー系、ポリアニオン系と酸化物系正極材料について紹介した。4V級高電圧カリウムイオン二次電池の創製に向けて開発された候補電極材料を図6にまとめている。正・負極材料の平均電位と理論容量を示している。高電位ポリアニオン系候補正極材料として、$KFeSO_4F$、$KVPO_4F$、KVP_2O_7、プルシアンブルー系としてK_2Mn-$Fe(CN)_6$、$K_2(VO)_2(HPO_4)_2(C_2O_4)$等のような錯体が候補正極材料である。また高電位酸化物系正極材料として、ハニカム構造を有する$K_{2/3}Ni_{1/3}Co_{1/3}Te_{1/3}O_2$、$K_{2/3}Ni_{1/2}Co_{1/6}Te_{1/3}O_2$等が有望であると考えられる。現在、高電位を示すハニカム層状型酸化物系正極材料はCoやTeのような元素を含み、実用化に向けた希少金属を使用しない材料系の検討は十分でなく、今後、低廉な組成を有するハニカム層状型酸化物系材料の合成、電気化学特性を最大限抽出する必要である。また、NiやCo固溶体材料をより電気化学的に活性化させるための新たな合成プロセスの開拓、Co、Mg、Zn等の最適な含有量の検討など大いに検討の余地があり、さらなる高性能化が望める興味深い層状型酸化物材料系である。

　負極材料としては、まず市販の炭素負極材料が候補であり、用途によって正極材料種を組み合わせて4Vと高い電圧を発揮し得るカリウムイオン二次電池の構築が可能である。熱的に安定な$KTiOPO_4$ポリアニオン系負極材料も低い電位で可逆的にK^+を充放電できることが報告されており、負極材料の候補として期待される。その他、$K_2C_8H_4O_4$有機系材料、$K_2Ti_4O_9$層状型酸化物系材料、Sn金属なども良好な電気化学特性を示し、候補負極材料として見込まれる。

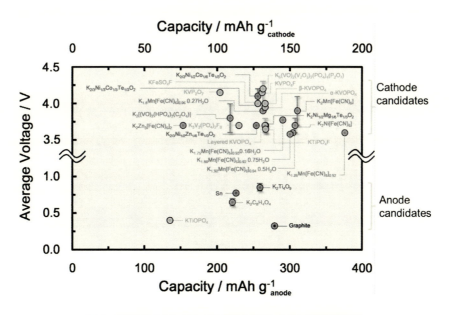

図6　高電圧カリウムイオン二次電池の創製に向けた候補電極材料

3.2 電解質の選定

　高電圧カリウムイオン二次電池の創製には安定で安全な電解質の開発が重要である。カリウムイオン二次電池に用いられる電解液は多数存在し、一般的に $KClO_4$、KPF_6、KBF_4、KFSA、KTFSA などの無機塩 (salts) を EC、PC、DMC、DME などの炭酸エステルに溶解させたもの (solvent) が用いられている。図7はこれまで報告されたカリウムイオン二次電池用電解質に使用されている無機塩、溶媒、添加剤 (additives) などを模式的に示す。通常の有機溶媒を用いる電解液は高電圧域で分解されやすいが、近年、高濃度の無機塩を溶かした有機溶媒電解液（highly concentrated electrolytes）や pyrrolidinium 系イオン液体が高い電位窓を有し、高電位正極材料に適合することが報告されている。特に DME 溶媒に KFSA を高濃度に溶かした電解液と pyrrolidinium 系イオン液体中に KFSA や KTFSA を溶かした電解液が有望である。実際、イオン液体を用いたカリウムイオン二次電池は、図8に示すように高電圧を発揮しつつ良好なサイクル特性を示すことが報告されている。またカリウムイオン二次電池の高性能化に向け全固体化が期待されている。$K_2Fe_4O_7$ のような酸化物系固体電解質および $KCB_{11}H_{12}$ のような有機系固体電解質が比較的高いイオン伝導性を示し、有望な固体電解質として期待されている。またポリマー系電解質が近年開発されつつあり、高電位正極材料に適合できると考えられる。

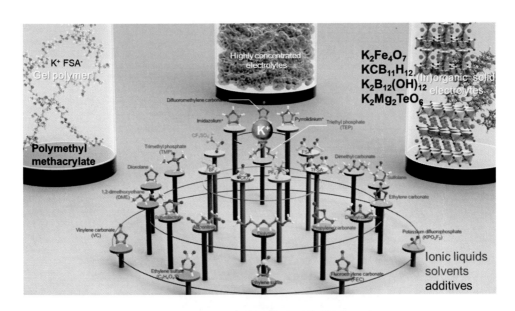

図7　カリウムイオン二次電池に用いられる電解質の組成

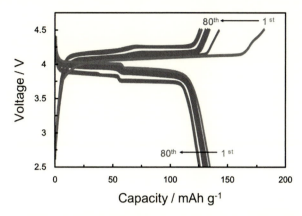

**図8　イオン液体系電解質を用いたカリウムイオン二次電池の動作。
正極は$K_2MnFe(CN)_6$有機系材料、負極は市販のグラファイト炭素材料が使用された[26]。**

おわりに

　本稿では、カリウムイオン二次電池用正極材料開発の最新動向と高い電圧（4V級）を発現し得るカリウムイオン二次電池の創製に用いられる候補正極材料群について紹介した。また従来の層状型正極材料の性能を凌ぐ高電位を発揮するハニカム層状型化合物の設計指針について述べた。4V級のカリウムイオン二次電池の創製に適した正極材料群は非常に魅力的であるが、電解液の酸化安定領域（いわゆる、高電位域）との兼ね合いで課題を残している。今後耐酸化性の高い電解液、例えばイオン液体や固体電解質などの技術革新が進めば高安全水準の高電圧カリウムイオン二次電池として実用化されることも可能であると考えられる。筆者らはカリウムイオン二次電池の高性能化および実用化のためには、大学の研究者や産業界の方々のご意見、ご指導およびご協力が不可欠であると認識しており、各方面からの忌憚のないご意見・ご指導頂ければ幸甚である。

謝辞

　本研究の一部は公益財団法人東電記念財団の支援を受けて実施したものである。また本執筆にあたり加藤南、石井なつみ、石井レイ、Sammy Njane、Dennis Ntara にご助言を頂き、ここで感謝の意を表す。

参考文献

1) H. Kim, H. Ji, J. Wang, G. Ceder : Trends in Chemistry, 1, 682-692 (2019)
2) R. Rajagopalan, Y. Tang, X. Ji, C. Jia, H. Wang : Advanced Functional Materials, 30, 1909486 (2020)
3) Y. -S. Xu, S.-Y. Duan, Y. -G. Sun, D. -S. Bin, X. -S. Tao, D. Zhang, Y. Liu, A. -M. Cao, L. -J. Wan : Journal of Materials Chemistry A, 7, 4334-4352 (2019)
4) M. Chen, Q. Liu, Y. Zhang, G. Xing, S. -L. Chou, Y. Tang : Journal of Materials Chemistry A, 8, 16061-16080 (2020)
5) S. Xu, Y. Chen, C. Wang : Journal of Materials Chemistry A, 8, 15547-15574 (2020)
6) X. Wu, Y. Chen, Z. Xing, C. W. K. Lam, S. -S. Pang, W. Zhang, Z. Ju : Advanced Energy Materials, 9, 1900343 (2019)
7) A. Eftekhari, Z. Jian, X. Ji : ACS Applied Materials & Interfaces, 9, 4404-4419 (2017)
8) Q. Pan, D. Gong, Y. Tang : Energy Storage Materials, 31, 328-343 (2020)
9) Y. Liu, C. Gao, L. Dai, Q. Deng, L. Wang, J. Luo, S. Liu, N. Hu : Small, 16, 2004096 (2020)
10) T. Hosaka, K. Kubota, A. S. Hameed, S. Komaba : Chemical Reviews, 120, 6358-6466 (2020)
11) Q. Yao, C. Zhu : Advanced Functional Materials, 30, 202005209 (2020)
12) J. C. Pramudita, D. Sehrawat, D. Goonetilleke, N. Sharma : Advanced Energy Materials, 7, 201602911 (2017)
13) V. Anoopkumar, J. Bibin, T. D. Mercy : ACS Applied Energy Materials, 3, 9478-9492 (2020)
14) J. -Y. Hwang, S. -T. Myung, Y. -K. Sun : Advanced Functional Materials, 28, 1802938 (2018)
15) J. Zhang, T. Liu, X. Cheng, M. Xia, R. Zheng, N. Peng, H. Yu, M. Shui, J. Shu, Nano Energy, 60, 340-361 (2019)
16) T. Masese, K. Yoshii, Y. Yamaguchi, T. Okumura, Z. -D. Huang, M. Kato, K. Kubota, J. Furutani, Y. Orikasa, H. Senoh, H. Sakaebe, M. Shikano : Nature Communications, 9, 3823 (2018)
17) T. Masese, K. Yoshii, M. Kato, K. Kubota, Z. -D. Huang, H. Senoh, M. Shikano : Chemical Communications, 55, 985-988 (2019)
18) K. Yoshii, T. Masese, M. Kato, K. Kubota, H. Senoh, M. Shikano : ChemElectroChem, 6, 3901-3910 (2019)
19) G. M. Kanyolo, T. Masese, N. Matsubara, C. -Y. Chen, J. Rizell, O. K. Forslund, E. Nocerino, K. Papadopoulos, A. Zubayer, M. Kato, K. Tada, K. Kubota, Z. -D. Huang, Y. Sassa, M. Mansson, H. Matsumoto : arXiv preprint arXiv:2003.03555 (2020)
20) T. Hosaka, T. Shimamura, K. Kubota, S. Komaba, The Chemical Record, 19, 201800143 (2018)

21) K. Kubota, M. Dahbi, T. Hosaka, S. Kumakura, S. Komaba, The Chemical Record,18, 459-479 (2018)
22) H. Kim, J. C. Kim, S. -H. Bo, T. Shi, D. -K. Kwon, G. Ceder, Advanced Energy Materials, 7, 1700098 (2017)
23) Y. Hironaka, K. Kubota, S. Komaba, Chemical Communications, 53, 3693-3696 (2017)
24) K. Chihara, A. Katogi, K. Kubota, S. Komaba, Chemical Communications, 53, 5208-5211 (2017)
25) G. M. Kanyolo, T. Masese : Scientific Reports, 10, 13284 (2020)
26) X. Wu, Z. Jian, Z. Li, X. Ji, Electrochemistry Communications, 77, 54-57 (2017)
27) H. Onuma, K. Kubota, S. Muratsubaki, T. Hosaka, R. Tatara, T. Yamamoto, K. Matsumoto, T. Nohira, R. Hagiwara, H. Oji, S. Yasuno, S. Komaba, ACS Energy Letters, 5, 2849-2857 (2020)

第3章　次世代型二次電池の開発動向

第3節　アルミニウムアニオン電池

大阪大学　津田 哲哉

はじめに

　二次電池は現代社会を支える極めて重要なエネルギー変換デバイスであり、その適用範囲は広がる一方である。それに伴い、二次電池に対するニーズは多様化しており、長寿命、高容量などの次世代を担う電池に求められる性能を全て併せ持つ超高性能二次電池だけでなく、既存の蓄電デバイスに取って代わる安価な低環境負荷二次電池や高出力二次電池などの一芸に秀でた電池に関する研究開発も活発化している。前者の例としては、全固体リチウムイオン二次電池やリチウム－硫黄二次電池、リチウム－空気二次電池などがよく知られている。一方、後者の電池には、Na（1128 mAh cm^{-3}, 1166 mAh g^{-1}）、Mg（3833 mAh cm^{-3}, 2205 mAh g^{-1}）、Zn（5854 mAh cm^{-3}, 820 mAh g^{-1}）、Al（8046 mAh cm^{-3}, 2980 mAh g^{-1}）などの高容量な汎用金属を負極に用いたものが多く（参考：Li（2066 mAh cm^{-3}, 3861 mAh g^{-1}））、既存の電池系よりもコスト的に優位かつ高容量の電池系の構築が期待できる。なかでも、資源量が豊富、NaやMgと比較すると電位的にやや不利ではあるものの、理論体積・重量エネルギー密度が高く、極めて良好なクーロン効率が期待できるAl金属負極を利用したアルミニウム錯アニオン二次電池（これ以降、アルミニウムアニオン電池と表記する。）に関する研究報告が近年増加している[1-11]。本稿ではアルミニウムアニオン電池の開発状況について、電解液、負極、正極の3つの観点から概説する。

1. アルミニウムアニオン電池用電解液

　ホール・エルー法はアルミニウムを電気化学的に製造する重要な工業電解プロセスとしてよく知られているが、操業温度が1000 ℃前後と非常に高く、これを負極反応に利用した電池の開発やアルミニウム電気めっきプロセスの構築に関する研究は皆無である。しかし、ホール・エルー法で必要とされるような高電流印加が不要であれば、使える電解液の選択肢は大きく広がる。アルミニウムの標準電極電位は水系で電析できる最も卑な金属であるマンガンよりもおよそ0.5 V卑であるため[12]、アルミニウムの電析には非水溶媒を使わざるを得ないが、その候補として、有機溶媒、溶融塩、イオン液体、深共晶溶媒の4つを挙げることができる。有機溶媒については、Siemens社によって開発されたSigal® processが最もよく知られており、現在でも米国やドイツではアルミニウム電気めっきプロセスとして利用されている。しかしながら、有機アルミニウム化合物、芳香族系有機溶媒、アルカリ金属ハライド・水素化物、4級オニウ

ム塩などから構成される電解液の安全性や環境負荷に対する懸念から、これを電解液として利用することは一般的でない。よって、現在ではアルミニウム電気めっき用の溶媒として、蒸気圧が低く、難燃性であることから環境調和性が高いとされる3つの非水溶媒、イオン液体（液相温度域が373 K以下にある液体塩）、溶融塩（液相温度域が373 Kを超える液体塩）、深共晶溶媒（極性有機化合物と塩を混合することで得られるイオン液体に類似の溶媒）が注目されており[2,13]、いずれの系においてもルイス酸であるアルミニウムハライド（塩化アルミニウムや臭化アルミニウム）が成分として含まれている。それらの代表的な特徴を図1にまとめた。アルミニウムの電気化学的な析出反応を二次電池の負極反応に利用する際には、当然のことながら高いクーロン効率でアルミニウム析出・溶解反応が進行することが好ましく、この条件を満たすことのできるアルミニウムハライド系イオン液体・溶融塩はアルミニウムアニオン電池の電解液として最も適しており、アルミニウムアニオン電池の電解液にはこれらの溶媒を用いるものが非常に多い。

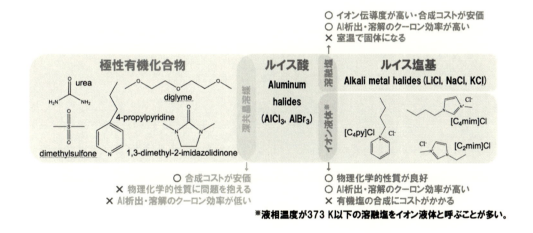

図1　アルミニウムハライド系イオン液体・溶融塩およびそれらに類似の非水溶媒系を合成する際に用いられる極性分子，ルイス酸，ルイス塩基の例とそれらの特長のまとめ．

　アルミニウムハライド系イオン液体・溶融塩はルイス酸のアルミニウムハライドとルイス塩基の有機ハライド塩またはアルカリ金属ハライド塩を混合して得られる液体塩であり、液相温度域が373 K以下にあるものをアルミニウムハライド系イオン液体、373 Kを超える温度域にあるものをアルミニウムハライド系溶融塩と呼ぶことが多い。前者については、さらにルイス塩基として有機ハライド塩を用いたアルミニウムハライド系有機イオン液体（66.7 mol% 塩化アルミニウム − 33.3 mol% 1-エチル-3-メチルイミダゾリウムクロライド（66.7-33.3 mol% $AlCl_3$ − $[C_2mim]Cl$)、66.7 mol% 臭化アルミニウム − 33.3 mol% 1-エチル-3-メチルイミダゾリウムブロマイド（66.7-33.3 mol% $AlBr_3$ − $[C_2mim]Br$) など）、無機ハライド塩を用いたアルミニウムハライド系無機イオン液体（61-26-13 mol% $AlCl_3$ − NaCl − KCl など）の2つに分類できる[2]。

アルミニウムハライド系イオン液体・溶融塩を構成するイオンの種類やその存在比は次の2つの反応式によって決定されるため、塩の混合比によって物性は大きく変化する[2]。

$$AlX_3 + RX \rightleftarrows R^+ + [AlX_4]^- \quad (1)$$
$$AlX_3 + [AlX_4]^- \rightleftarrows [Al_2X_7]^- \text{（}AlX_3 \text{のモル分率が0.5を超えた場合にのみ進行する）} \quad (2)$$

ただし、XはClやBrなどのハロゲン、RXは有機または無機ハライド塩である。アルミニウムハライド系イオン液体・溶融塩はAlX_3のモル分率（N_{AlX3}）によって3つの領域（$0 < N_{AlX3} < 0.50$（ルイス塩基性）、$N_{AlX3} = 0.50$（ルイス中性）、$0.50 < N_{AlX3}$（ルイス酸性））に分類することができる。ルイス塩基性ではX^-と$[AlX_4]^-$、ルイス中性は$[AlX_4]^-$のみ、そして、ルイス酸性においては$[AlX_4]^-$と$[Al_2X_7]^-$が構成アニオン種（アルミニウムハライド錯アニオン）となる[13]。アルミニウムの析出・溶解が起こる組成域はルイス酸性に限定され、そのときの電気化学反応は以下のように記述されることが多いが、実際にはかなり複雑な反応過程を経ているようである[14-17]。

$$4[Al_2X_7]^- + 3e^- \rightleftarrows Al + 7[AlX_4]^- \quad (X = Cl \text{ or } Br) \quad (3)$$

塩化アルミニウムと1-エチル-3-メチルイミダゾリウムクロライド（$[C_2mim]Cl$）から構成される塩化アルミニウム系ルイス酸性有機イオン液体中で測定されたサイクリックボルタモグラムを図2に示している。0 V (vs. Al(III)/Al) 付近にある還元酸化波は(3)式で示されている電気化学反応に相当し、還元波が観察されている電位域で定電位電解を行うと図2の内部図のようにアルミニウムが析出する。極端な電解条件にしない限り、電解液の分解などの副反応は

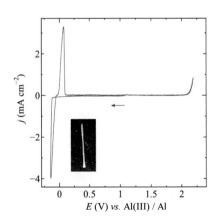

図2　66.7-33.3 mol% AlCl₃ − [C₂mim]Cl イオン液体中でPtディスク電極を用いて得られたサイクリックボルタモグラムと定電位電解で得られた電析物の写真．走査速度：10 mV s⁻¹；測定温度：25 ℃．

進行しないため、その析出・溶解のクーロン効率は 100 % に近い値となる。一方、2.1 V (vs. Al(III)/Al) を超える電位域において酸化電流の増大が認められるが、これは次の電気化学反応による塩素発生に起因している。

$$4\,[AlCl_4]^- \rightleftharpoons 2\,[Al_2Cl_7]^- + Cl_2 + 2\,e^- \quad (4)$$

これら 2 つの限界電位での電極反応はアルミニウムハライド錯アニオンによって支配されており、ルイス酸性のアルミニウムハライド系イオン液体・溶融塩に共通する電極反応系である。しかし、有機イオン液体と無機イオン液体では、カチオンの大きさや構造が大きく異なる点に留意しなければならない。例えば、占有体積の大きな有機カチオンの存在は、電解液中におけるアルミニウムハライド錯アニオンの濃度（mol L^{-1}）を減少させることに繋がるため、アルミニウムハライド系イオン液体・溶融塩を電池電解液へ適用する際には、カチオン種の違いが電池性能に与える影響についても注意する必要がある。

ルイス酸性アルミニウムハライド系イオン液体・溶融塩電解液の開発は、有機ハライド塩の有機カチオン構造を合成化学的手法によってデザインするといった手法がこれまで一般的であったが、1982 年に報告された $AlCl_3$ − [C_2mim]Cl よりもアルミニウムアニオン電池用電解液に適したイオン液体は報告されていない[2]。このような背景から、最近では [AlX_4]$^-$ や [Al_2X_7]$^-$ などのアニオン構造の一部を他の官能基で置換し、エントロピーを増大させることで電解液の融点の低下や輸送特性の改善を期待した電解液の設計（60-40 mol% $AlCl_3$ − [C_2mim]Br[18] や 61.0-26.0-13.0 mol% $AlCl_3$ − NaSCN − KSCN[19]）が増加する傾向にあり、アルミニウムアニオン電池の電解液としての利用も検討されている。

2. アルミニウム金属負極

アルミニウムハライド系イオン液体・溶融塩を電解液に用いると、アルミニウムの析出・溶解のクーロン効率は 100 % に近い値となることは前節で述べた。しかし、アルミニウムハライド系イオン液体・溶融塩であれば、どのようなものを電解液に用いても良いということではない。金属アルミニウムは大気中に暴露するとその表面に酸化被膜が容易に形成されるため、大気中で安定に存在できるが、その印象が強いためか金属リチウムのように電解液と反応することはないと考える人が多いようである。実際には、金属アルミニウムも高い還元力を有しており、有機カチオンと反応することも珍しくない。よって、アルミニウムハライド系有機イオン液体のカチオンには、耐還元性の高い [C_2mim]$^+$ などの有機カチオンを用いる必要がある。また、添加剤を加える必要がある場合には、その耐還元性についても考慮しなければならない。この条件を満たすアルミニウムハライド系イオン液体電解液を選択すれば、アルミニウム金属負極と電解液との不可逆的な被膜形成反応を考慮する必要なく、リチウム金属負極やマグネシウム金属負極よりも高い負極充放電効率（100 % に極めて近い値）が得られる。

ルイス酸性の塩化アルミニウム系イオン液体中で測定したアルミニウム金属負極の充電・放電反応（金属アルミニウムの析出・溶解反応に相当）のクロノアンペログラムを図3に示している。ビーカーセルでの測定であるため、0.1 V 程度の IR 損が観測されているが、反応自体はスムーズに進行していることがクロノアンペログラムだけでなく、図3の内部図のように電極の視覚的な変化からも理解できる。クーロン効率は集電体（基板）の材質によって析出したアルミニウムとの密着性が異なるため、少し変化することもあるが、今回のように銅を用いると容易に 100 % に極めて近い値が得られる。アルミニウム金属負極反応で求められるアルミニウムの析出電流密度は電気めっきの際に求められる値よりも1桁以上低いことが多いため、アルミニウム金属負極の充電プロセスが電池性能に悪影響を与える可能性は低いように思える。ただし、塩化アルミニウム系イオン液体・溶融塩において、金属アルミニウムを大電流でアノード溶解させると、電極反応時に生じる電極｜電解液界面でのルイス酸性度の急激な変化によって、電極表面に塩化アルミニウムが析出することが知られており[14-17]、高出力仕様のアルミニウムアニオン電池ではアルミニウム金属負極上で同様の現象が起きることも想定される。その変化に追随できるような負極の設計が将来的に必要となる可能性もあるだろう。

アルミニウムハライドアニオンの一部を他の官能基で置換したルイス酸性アルミニウムハライド系イオン液体中におけるアルミニウム金属負極の挙動については、クロロ基とブロモ基が共存するような系では顕著な変化はないが、チオシアン酸基を導入した場合に大きな変化が生じ、アルミニウムの析出・溶解に関わる電極反応の過電圧は大きく上昇する（図4）[19]。このときに得られる金属アルミニウムは結晶性が低いうえに、基板である銅板との密着性もあまり良くなく、電池電解液として利用する際にはその点に配慮したセル設計が求められる。

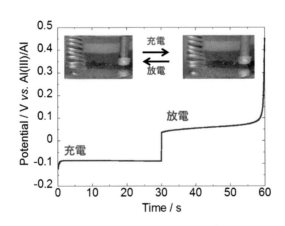

図3 60.0-40.0 mol% AlCl$_3$ − [C$_2$mim]Cl イオン液体中における Al 金属析出・溶解に関するクロノアンペログラムとその際の銅電極の変化（充電時に Al が析出する）．電流値は ± 4 mA cm^{-2}.

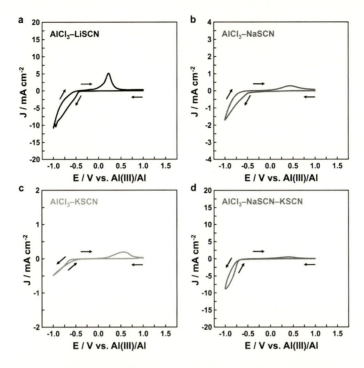

図4 チオシアン酸基を導入した塩化アルミニウム系無機イオン液体中で白金電極を用いて得られたサイクリックボルタモグラム[19]. (a) 66.7-33.3 mol% AlCl₃-LiSCN, (b) 66.7-33.3 mol% AlCl₃-NaSCN, (c) 66.7-33.3 mol% AlCl₃-KSCN, and (d) 61.0-26.0-13.0 mol% AlCl₃-NaSCN-KSCN. 走査速度：10 mV s⁻¹；測定温度：60 ℃.

3. アルミニウムアニオン電池用正極

3.1 グラファイト系正極

　塩化アルミニウム系イオン液体・溶融塩を電解液に用いたアルミニウムアニオン電池は1988年にGifford、Palmisanoによって初めて報告された[20]。正極活物質には100メッシュのグラファイトパウダーが用いられており、その電極反応はグラファイト層間への塩素の挿入・脱離によるものであると考えられていたが、最近になって、(5)式のような$[AlCl_4]^-$のグラファイト層間への挿入・脱離反応であることが明らかとなった[21]。

$$C_n + [AlCl_4]^- \rightleftharpoons C_n[AlCl_4] + e^- \quad (5)$$

　ルイス酸性のアルミニウムハライド系イオン液体・溶融塩中における限界電位での電極反応と同様、この電極反応もアルミニウムハライド錯アニオンによって支配されている。よって、

アルミニウム金属負極、グラファイト正極、塩化アルミニウム系イオン液体・溶融塩電解液から構成されるアルミニウムアニオン電池の全反応式は(3)式および(5)式より次のように表すことができ、電池反応は2種の塩化アルミニウム錯アニオン（$[AlCl_4]^-$, $[Al_2Cl_7]^-$）によって支配されていることがわかる。

$$3C_n + 4[Al_2Cl_7]^- \rightleftarrows Al + 3C_n[AlCl_4] + 4[AlCl_4]^- \quad (6)$$

このとき、充電時（右方向の反応）にルイス酸性域に存在する$[Al_2Cl_7]^-$が消費されるため、電解液を構成する塩化アルミニウムのモル分率を高めてルイス酸性度を高くするほうが良いように思えるが、あまり高めすぎると(2)式からも理解できるように$[AlCl_4]^-$濃度が減少するため、正極反応への影響が懸念されるようになる。そのため、塩化アルミニウムのモル分率は60.0 mol%程度に設定することが多い。

Gifford、Palmisanoによって初めて報告されたアルミニウムアニオン電池は正極容量が低く、充放電速度やサイクル特性に問題を抱えていたため[20]、長らく注目されなかったが、Linらは正極にグラファイト発泡体を用いることで、その課題点を克服することに成功した[21]。グラファイト発泡体正極の骨格構造は、ニッケル水素電池の正極に使われる多孔質ニッケル（モノリス構造のニッケル）をテンプレートに用いて作製するため、それと基本的に同じである。この正極は100～5000 mA g^{-1}での充放電速度において、60 mAh g^{-1}程度の放電容量と7000回以上の優れたサイクル安定性を両立させることができる。グラファイトロッドを正極にしても、グラファイト発泡体正極と同じように、電解液中に存在する塩化アルミニウム錯アニオンの挿入・脱離に起因すると考えられる電気化学挙動は確認できるが、2.1 Vを超える電位域で充電を行うと電極表面は崩壊する（図5）。つまり、充放電時に進行する塩化アルミニウム錯アニオンの挿入・脱離反応（(5)式）によって生じる応力変化による影響を自発的に緩和できる材料形状になっているか否かでグラファイト正極の安定性は大きく異なる。

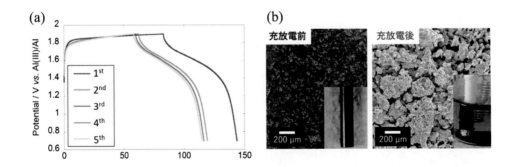

図5 (a) 60.0-40.0 mol% AlCl$_3$ − [C$_2$mim]Cl イオン液体中でグラファイトロッド電極を用いて測定した充放電曲線と (b) 2.1 Vを超える電位域での充放電前後における電極の形態観察結果. 充放電速度は0.4 mA cm^{-2}.

グラファイト発泡体正極はアルミニウムアニオン電池の開発を大きく前進させる駆動力となったが、その作製は容易とは言えないため、リチウムイオン電池用合材電極の作製法として一般的である塗布法をグラファイト系正極の作製に適用することが検討されている。その一例を図6に示している[22]。基本的な工程はリチウムイオン電池用合材電極を作製するときと同様であるが、塩化アルミニウム系イオン液体・溶融塩電解液中ではチタンやニッケル、銅などの金属材料はアノード溶解してしまうため、集電体にはMoを使用することが多い。ここでは活物質に安価なグラファイト系ナノ材料であるグラフェンナノプレートレットを用い、バインダー(20 wt%)にはポリスルホンを使用している。導電助剤(10 wt%)として、アセチレンブラック、ケッチェンブラック、カーボンファイバーを適用したところ、その正極性能は導電助剤の種類に大きく依存し、ケッチェンブラックとカーボンファイバーを5 wt%ずつ添加したときに最も良好な結果が得られている[22]。その結果の一例を図7に示している。充電を2000 mA g^{-1}（3分弱で満充電）で行ったのち、1000～10000 mA g^{-1}で放電したときの容量の変化とそのときのクーロン効率を示しているが、放電速度にほとんど依存することなく、75～80 mAh g^{-1}の値を示し、98%を超えるクーロン効率が達成できている。このように、汎用性の高い材料だけを使って高性能なアルミニウムアニオン電池用正極を塗布法で作製することも一般的になりつつある。上述したグラファイト系正極のような高速充放電は不可能であるが、市販の膨張黒鉛シートを正極にそのまま使うこともでき、電解液に60.0-40.0 mol% $AlCl_3$－[C_2mim]Clを用いて100 mA g^{-1}で充放電したとき、その容量はおよそ85 mAh g^{-1}となる[23]。興味深いことに、電解液を61.0-26.0-13.0 mol% $AlCl_3$－NaCl－KCl無機イオン液体に換えるだけで正極性能は著しく向上し、100 mA g^{-1}で充放電したときの容量は約130 mAh g^{-1}と1.5倍になる。レート特性の向上も認められ、4000 mA g^{-1}で充放電しても85 mAh g^{-1}程度の容量が得られる。この差は測定時の温度の違いによるものではなく、無機イオン液体を用いた場合にのみ進行するアニオン種の挿入・脱離反応が容量の増大に寄与している。詳細については調査中であるが、電極活物質だけでなく、電解液の設計も正極性能を向上させるための重要なファクターの1つであることを示した好例と言える。

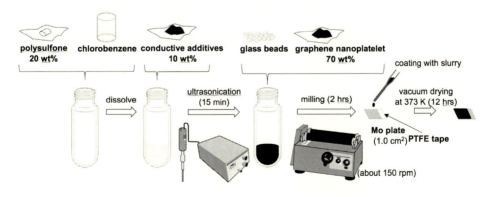

図6　アルミニウムアニオン電池用グラフェンナノプレートレット合材正極の作製プロセスの例[22].

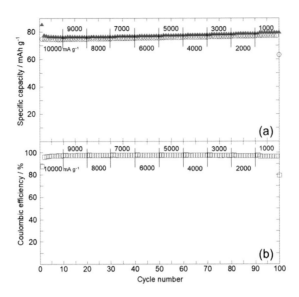

図7. 60.0-40.0 mol% AlCl$_3$–[C$_2$mim]Cl 有機イオン液体中におけるグラフェンナノプレートレット合材正極の充放電試験結果[22]. (a) 充放電容量（▲：充電；○：放電）ならびに (b) クーロン効率．合材電極にはカーボンファイバーとケッチェンブラックが 5 wt% ずつ添加されている．充電速度：2000 mA g^{-1}；放電速度：1000 ～ 10000 mA g^{-1}；カットオフ電圧：2.4 および 0.8 V.

3.2　酸化物・硫化物系正極

　アルミニウムアニオン電池の正極活物質としてグラファイト系以外で検討されているのは、他の電池系で既に研究実績のある酸化物系や硫化物系、硫黄系などである。ここでは、酸化物・硫化物系正極について紹介する。酸化物系正極をアルミニウムアニオン電池に初めて適用したのは、Jayaprakash らであり[24]、V$_2$O$_5$ ナノワイヤーを活物質に用いることによって、初回サイクル時に 305 mAh g^{-1}、20 サイクル後においても 273 mAh g^{-1} という高い放電容量が達成できると報告した。なお、このときの充放電速度は 125 mA g^{-1} であり、放電時のプラトー電位はおよそ 0.5 V であった。この活物質はグラファイト系正極よりも高容量であると報告されたことから、酸化バナジウム系（crystalline V$_2$O$_5$[24,25]、VO$_2$[26]）に関する研究が相次ぎ、正極反応は次のようであると提案されているが、ルイス酸性アルミニウムハライド系イオン液体・溶融塩電解液中では、Al イオンは [AlCl$_4$]$^-$ や [Al$_2$Cl$_7$]$^-$ などの比較的安定な錯アニオンを形成しており、Al^{3+} の状態で酸化バナジウムの構造の中に入るとは考えにくく、仮に入ったとしてもその反応を可逆的に進行させるのは困難であると思われる。

$$x\,Al^{3+} + V_2O_5\,(or\,VO_2) + 3x\,e^- \rightleftharpoons Al_xV_2O_5\,(or\,Al_xVO_2) \quad (7)$$

　Menke ら[27] や Guo ら[28] は (7) 式の妥当性について調査し、酸化バナジウム系正極で報告されている充放電挙動は集電体として用いられているステンレスやニッケルなどが金属塩化物と

なって析出するコンバージョン反応によるものであると述べている。このように、アルミニウムハライド系イオン液体・溶融塩電解液中での酸化バナジウム系正極のデータについては、議論の余地が残されているようである。

硫化物系正極についても、他の電池系からの転用が多い。例えば、シェブレル相の Mo_6S_8 を用いたときには、次のような正極反応が充放電時に進行すると考えられている[29]。

$$8[Al_2Cl_7]^- + Mo_6S_8 + 6e^- \rightleftarrows Al_2Mo_6S_8 + 14[AlCl_4]^- \quad (8)$$

初期放電容量は 148 mAh g^{-1} と高容量を示すが、100 サイクル後には 70 mAh g^{-1} 程度の値となる。また、放電電圧は 0.55 V と低い。他の硫化物系正極についても電極反応に差異はあるものの、その正極性能にあまり大差はなく、初期放電容量、放電電圧はそれぞれ数 100 mAh g^{-1}、1 V 程度のものが大半である[9]。放電容量は 100 サイクル後、100 mAh g^{-1} に満たない値になることが多い。このような特徴は上述した酸化物正極の場合と類似しているが、集電体にはルイス酸性アルミニウムハライド系イオン液体・溶融塩電解液中で安定なモリブデンが使用されたものが多く、議論するに値するデータが蓄積されているように思える。

酸化物・硫化物系正極は、他の電池系からの転用が多いこともあって、元の電池系での電極反応を裏付けなくそのままアルミニウムアニオン電池に適用していることが大半であり、正極反応は推測の域を出ていないことが多いが、折笠、内本らは 66.7-33.3 mol% $AlCl_3$ - [C_2mim]Cl 有機イオン液体中における FeS_2 正極の反応を XRD および XAS 測定法を駆使して解析することに成功しており[30]、他の活物質系への展開を期待したい。

3.3 硫黄系正極

アルミニウム金属負極は理論容量が 8046 mAh cm^{-3}、2980 mAh g^{-1} と極めて大きく、この特徴を十分に活かすには正極活物質の理論容量もできるだけ大きい方が好ましい。このような背景から、硫黄（3467 mAh cm^{-3}, 1675 mAh g^{-1}）を正極活物質に利用したアルミニウムアニオン電池についての研究例が増加する傾向にあるが、硫黄正極で先行するリチウム－硫黄電池の場合と同様、サイクル特性と充放電時の過電圧に問題を抱えている[18,31-36]。ルイス酸性アルミニウムハライド系イオン液体・溶融塩電解液中における硫黄正極の反応は次のように考えられており、(3)式との組み合わせによって得られる電池反応式は (10) 式のようになる。

$$8[Al_2Cl_7]^- + 3S + 6e^- \rightleftarrows Al_2S_3 + 14[AlCl_4]^- \quad (9)$$
$$2Al + 3S \rightleftarrows Al_2S_3 \quad (10)$$

分析化学的手法による反応解析や計算科学を駆使することによって、電極反応メカニズムに関する調査は着実に進んでおり、最近では 100 サイクル後においても、600 mAh (g-S)$^{-1}$ を超える放電容量を示す硫黄コンポジット正極もいくつか報告されている[34,35]。残念ながら、過電

圧が大きい点については改善の余地が残されており、作動温度を高くすることでその克服に取り組んだ例もある[32,36,37]。硫黄は昇華しやすいため、電極作製時の温度や作製した充放電セルの作動温度の範囲をあまり高くできず、温度依存性の評価を行うことは容易ではない。妹尾、小島らはポリエチレングリコールと硫黄の混合物から作製した硫黄コンポジット材料（Sulfurized polyethylene glycol (SPEG)）が 300 ℃を超える温度域でも安定であることに加え、リチウム－硫黄電池用正極として有望であることを報告している[38,39]。この材料を正極活物質に用いると、100 ℃を超える温度域で使用できるルイス酸性アルミニウムハライド系無機イオン液体中での電気化学挙動の調査が可能になる。その例として、二電極式密閉セルで得られたモリブデンおよび異なる導電助剤を用いて作製した SPEG 合材電極のサイクリックボルタモグラムを図 8 に示している[37]。なお、このデータは 120 ℃で得られたものである。モリブデンはアルミニウムアニオン電池の集電体としてよく用いられる材料であるが、この電解液中で極めて安定であることがわかる。一方、SPEG 合材電極においては、還元波、酸化波がそれぞれ 1.05 V、1.25 V 付近に現れた。これらは(9)式で示される電気化学反応に起因するものである。しかし、ボルタモグラムの形状は導電助剤の種類や量によって大きく変化した。導電助剤としてケッチェンブラック（KG）を使用すると、明瞭な還元・酸化波が 45 wt% 以上添加しないと得られないのに対し、多層カーボンナノチューブ（MWCNT）の場合には、わずか 10 wt% の添加で十分な効果が得られる。これらの SPEG 合材電極（SPEG に含まれる硫黄の量はおよそ 50 wt%）を用いて充放電試験を行うと、上述したアルミニウム－グラファイト電池に匹敵するレート特性が得られ、容量は飛躍的に増加することが明らかとなった。MWCNT を用いた SPEG 合材電極では、充放電速度が 5000 mA (g-SPEG)$^{-1}$ のとき、266 mAh (g-SPEG)$^{-1}$ が得られ、600 サイクル後もその容量が減少することは無かった。この結果はアルミニウムアニオン電池の高容量化が可能であることを実験的に証明したものであり、更なる性能向上に向けた取り組みが望まれる。

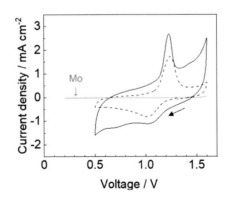

図8　120 ℃の 61.0-26.0-13.0 mol% AlCl$_3$–NaCl–KCl 電解液中におけるモリブデン電極および SPEG 合材電極を用いて得られたサイクリックボルタモグラム[37]．SPEG 合材電極に含まれる導電助剤：（—）KB (45 wt%) または (- - -) MWCNT (10 wt%); バインダー：PTFE (5 wt%); 走査速度：1 mV s^{-1}.

おわりに

　アルミニウムアニオン電池は汎用元素だけで電池反応を制御できるものが多く、正極活物質の種類によっては、出力密度に優れ、容量減少を伴うことなく数万サイクル充放電可能であることから、海外では電動自転車への搭載を検討しているとの情報もある。しかしながら、そのようなアルミニウムアニオン電池は総じて正極の容量が低いために、現行のリチウムイオン電池を超えるエネルギー密度を望むことはできない。この一方で、リチウムイオン電池に匹敵するエネルギー密度が見越せる電池系も報告され始めており、アルミニウムアニオン電池の開発は新たなステージに入りつつある。現在はグラファイト系正極を使ったアルミニウムアニオン電池の実セル化に必要な知見の収集や新たな正極活物質の開発が研究の中心となっているが、この電池系の飛躍的な性能向上を実現するには、新たなアルミニウムアニオン電池用電解質の開発やアルミニウム金属負極構造の最適化など現時点においてはあまり注目されていない課題についても取り組む必要があるだろう。このように検討課題は山積しているが、逆に言うと、それだけ多くの改良の余地が残されていることを示唆しており、今後の展開次第では、この電池系が大きく飛躍することもあるだろう。

参考文献

1) G. A. Elia, K. Marquardt, K. Hoeppner, S. Fantini, R. Lin, E. Knipping, W. Peters, J.-F. Drillet, S. Passerini, and R. Hahn, Adv. Mater., 28, 7564 (2016).
2) T. Tsuda, G. R. Stafford, and C. L. Hussey, J. Electrochem. Soc., 164, H5007 (2017) and references therein.
3) Z. A. Zafar, S. Imtiaz, R. Razaq, S. Ji, T. Huang, Z. Zhang, Y. Huang, and J. A. Anderson, J. Mater. Chem. A, 5, 5646 (2017).
4) T. Schoetz, C. Ponce de Leon, M. Ueda, and A. Bund, J. Electrochem. Soc., 164, A3499 (2017).
5) 津田哲哉, 桑畑 進, 電気化学, 86(Winter), 305 (2018).
6) Y. Zhang, S. Liu, Y. Ji, J. Ma, and H. Yu, Adv. Mater., 1706310 (2018).
7) H. Yang, H. Li, J. Li, Z. Sun, K. He, H.-M. Cheng, and F. Li, Angew. Chem. Int. Ed., 58, 11978 (2019).
8) T. Leisegang, F. Meutzner, M. Zschornak, W. Münchgesang, R. Schmid, T. Nestler, R. A. Eremin, A. A. Kabanov, V. A. Blatov, and D. C. Meyer, Frontiers Chem., 7, 268 (2019).
9) Y. Ru, S. Zheng, H. Xue, and H. Pang, J. Mater. Chem. A, 7, 14391 (2019).
10) B. Craig, T. Schoetz, A. Cruden, and C. Ponce de Leon, Renew. Sustain. Energy Rev., 133, 110100 (2020).
11) K. V. Kravchyk and M. V. Kovalenko, Commun. Chem., 3, 120 (2020).

12) 向 正夫, 電気化学, 29, 812 (1961).
13) 兒島洋一, 津田哲哉, 宇井幸一, 上田幹人, 三宅正男, 軽金属, 69, 15 (2019).
14) C. Wang and C. L. Hussey, J. Electrochem. Soc., 162, H151 (2015).
15) C. Wang, A. Creuziger, G. Stafford, and C. L. Hussey, J. Electrochem. Soc., 163, H1186 (2016).
16) R. Böttcher, S. Mai, A. Ispas, and A. Bund, J. Electrochem. Soc., 167, 102516 (2020).
17) R. Böttcher, S. Mai, A. Ispas, and A. Bund, J. Electrochem. Soc., 167, 148501 (2020).
18) H. Yang, L. Yin, J. Liang, Z. Sun, Y. Wang, H. Li, K. He, L. Ma, Z. Peng, S. Qiu, C. Sun, H.-M. Cheng, and F. Li, Angew. Chem. Int. Ed., 57, 1898 (2018).
19) C.-Y. Chen, T. Tsuda, and S. Kuwabata, Chem. Commun., 56, 15297 (2020).
20) P. R. Gifford and J. B. Palmisano, J. Electrochem. Soc., 135, 650 (1988).
21) M.-C. Lin, M. Gong, B. Lu, Y. Wu, D.-Y. Wang, M. Guan, M. Angell, C. Chen, J. Yang, B.-J. Hwang, and H. Dai, Nature, 520, 324 (2015).
22) T. Tsuda, Y. Uemura, C.-Y. Chen, H. Matsumoto, and S. Kuwabata, Electrochemistry, 86, 72 (2018).
23) C.-Y. Chen, T. Tsuda, S. Kuwabata, and C. L. Hussey, Chem. Commun., 54, 4164 (2018).
24) N. Jayaprakash, S. K. Das, and L. A. Archer, Chem. Commun., 47, 12610 (2011).
25) H. Wang, Y. Bai, S. Chen, X. Luo, C. Wu, F. Wu, J. Lu, and K. Amine, ACS Appl. Mater. Interfaces, 7, 80 (2015).
26) W. Wang, B. Jiang, W. Xiong, H. Sun, Z. Lin, L. Hu, J. Tu, J. Hou, H. Zhu, andS. Jiao, Sci. Rep., 3, 3383 (2013).
27) L. D. Reed and E. Menke, J. Electrochem. Soc., 160, A915 (2013).
28) J. Shi, J. Zhang, and J. Guo, ACS Energy Lett., 4, 2124 (2019).
29) L. Geng, G. Lv, X. Xing, and J. Guo, Chem. Mater., 27, 4926 (2015).
30) T. Mori, Y. Orikasa, K. Nakanishi, K. Z. Chen, M. Hattori, T. Ohta, and Y. Uchimoto, S. Jiao, J. Power Sources, 313, 9 (2016).
31) G. Cohn, L. Ma, and L. A. Archer, J. Power Sources, 283, 416 (2015).
32) T. Gao, X. Li, X. Wang, J. Hu, F. Han, X. Fan, L. Suo, A. J. Pearse, S. B. Lee, G. W. Rubloff, K. J. Gaskell, M. Noked, and C. Wang, Anew. Chem. Int. Ed., 55, 9898 (2016).
33) X. Yu, M. J. Boyer, G. S. Hwang, and A. Manthiram, Chem, 4, 586 (2018).
34) Y. Guo, H. Jin, Z. Qi, Z. Hu, H. Ji, and L.-J. Wan, Adv. Funct. Mater., 29, 1807676 (2019).
35) 宇井幸一, 岩渕泰成, 藤島 凌, Md. Mijanur Rahman, 竹口竜弥, 上村祐也, 津田哲哉, 第61回電池討論会 要旨集, 3B10 (2020).
36) W. Wang, Z. Cao, G. A. Elia, Y. Wu, W. Wahyudi, E. Abou-Hamad, A.-H. Emwas, L. Cavallo, L.-J. Li, and J. Ming, ACS Energy Lett., 3, 2899 (2018).
37) 津田哲哉, 佐々木淳也, 上村祐也, 小島敏勝, 妹尾 博, 桑畑 進, 第60回電池討論会 要旨集, 1H23 (2019).

38) T. Kojima, H. Ando, N. Takeichi, and H. Senoh, ECS Trans., 75, 201 (2017).
39) N. Takeichi, T. Kojima, H. Senoh, and H. Ando, Sci. Rep., 10, 16918 (2020).

第3章 次世代型二次電池の開発動向

第4節 亜鉛—空気二次電池

九州大学 石原 達己

はじめに

　現在、電気自動車やロボットなどの移動媒体や電話などの携帯機器で高性能な電源は重要な役割を担っており、優れた性能の蓄電デバイスの開発が望まれている。現在、このような目的ではLiイオン2次電池が一般に、広く用いられている。Liイオン2次電池は起電力が3.7Vと高く、高エネルギーな2次電池として広く普及している。しかし、Liイオン2次電池でも、今後、実用化の期待される電気自動車などに応用するには容量が不足で、さらに高容量な2次電池が必要であり、新しい2次電池の開発が要望されている。このような高容量な2次電池として空気2次電池が、現在、注目されるとともに、開発が活発化している。本稿では、現在注目されている亜鉛-空気電池の2次電池化を実現する上で、重要な空気極触媒に着目して、現在筆者らの行っているメソポーラス$LaCoO_3$ペロブスカイトや$NiCo_2O_4$スピネル酸化物などの開発の現状を紹介する。

　現在、空気電池としてはLi-空気2次電池が注目されて、空気電池の研究は検討が活発化したが、Li-空気電池では実際の放電容量が、理論容量に比べるとはるかに小さく、繰り返し特性も低いなど、解決しないといけない課題が多い。[1] 一方、亜鉛の空気電池は、古くから検討されている空気電池であり、1次電池ではあるが、唯一、実用化している空気電池である。高容量で、安全性が高いことから補聴器用の電源として、使用されてきた。亜鉛の空気電池を2次電池化しようとする試みは、1960年ころから、種々行われてきたが、繰り返し特性や充放電のエネルギー効率の低さなどから、実用化されていない。[2] とくに2次電池化で重要な障害となっているのは、Zn極の形状変化とデンドライトの生成によるセルの短絡と考えられているが、実際は空気極の劣化も大きく、亜鉛—空気電池を充放電すると、空気極の失活により、起電力が立たなくなることが課題である。このために、多くの特長のある亜鉛—空気電池を2次電池化するためには、酸素酸化と酸素放出に優れた活性を有するとともに、優れた安定性を有する空気極触媒の開発が求められる。[3]

1 亜鉛―空気電池の原理と課題

亜鉛の空気電池では以下の式で表される反応で充放電を行う空気電池である。

正極（空気極）　$O_2 + 2H_2O + 4e^- = 4OH^-$

負極（Zn極）　$Zn = Zn^{2+} + 2e^-$

$Zn^{2+} + 4OH^- = Zn(OH)_4^{2-}$

$Zn(OH)_4^{2-} = ZnO + H_2O + 2OH^-$

全反応　$Zn + 1/2 O_2 = ZnO$

ここで、$Zn(OH)_4^{2-}$は電解液に溶解することから、ZnOの析出は、電解液中で生じることになり、電極から離れたところで、生じると、充電は行えなくなるので、$Zn(OH)_4^{2-}$を如何に電極上に発生できるかは、繰り返し充放電特性向上において重要である。[2]

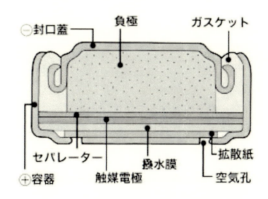

図1　市販のZn-空気1次電池電池の模式図

市販のコイン型のZn-空気電池の模式図を図1に示す。空気電池は活物質が空気であることから、通常の電池とは異なり、内部はほとんどが、粉末状Znから構成され、セパレーターと少量の電解液、空気極触媒で構成される。理論起電力は1.64Vであり、半電池でも作動することから、理論容量は極めて大きく、酸素を含まない理論容量は1350Wh/kgと非常に大きい。そこで、このセルの2次電池化が、種々検討されてきているが、現状では、充放電のエネルギー効率の低さから、メカニカルチャージという、負極と電解液を入れ替えて電池を組み替える方式での2次電池化が検討され、それなりの成果を収めている。[2]

亜鉛―空気電池はエネルギー密度が大きく、安全性も高く、電位が安定していることから、電気自動車用の電源としては優れた性質があり、すでにメカニカルチャージ方式で、自動車用の電源への応用が検討されている。[4] メカニカルチャージ方式ではイスラエルのElectric Fuel社のシステムがあり、ドイツの郵便配達車でのフィールド試験が行われ、1回の充電で300km以上(エネルギー密度200Wh/kg以上)を走行できることが実証されている。[2] さらに、ニュー

ヨークでのバスでの実証試験も行われており、価格的な観点からも比較的、良好な結果が報告されている。そこで、負極のZn粉末と電解液のカートリッジごと交換が可能であるならば、充放電のエネルギー効率をある程度、気にしなくても亜鉛—空気電池は2次電池のように用いることが可能である。しかし、これは、郵便配達車やバスのようにある程度、決まった運行経路の自動車なら可能であるが、今後、普及の期待される小型自動車等においては課題があり、やはり、通常の2次電池のように、同じセルで充放電を行うことが期待される。

現在、亜鉛—空気電池の二次電池化の検討が精力的に行われており、ある程度のサイクル数を実現できることが報告されているが、依然として、サイクル数が不十分であることに加え、多くの繰り返し回数を達成できるセルではある程度の電解液量を必要とし、エネルギー密度が低くなる課題がある。より実用的な亜鉛—空気電池を開発するためには、少ない電解液中での充放電の実現であり、また$Zn(OH)_4^{2-}$を如何に、負極の近くにとどめるかということである。一方、繰り返し充放電において、空気極触媒は酸化と還元雰囲気にさらされ、電解液への溶出や導電助剤の炭素の酸化などにより、劣化を生じやすい。そこで、繰り返し酸素還元（ORR）および酸素放出（OER）においても劣化することなく、また高濃度のアルカリ電解液にも溶出しないことが要求される。現在まで、$LaCoO_3$をはじめ種々の酸化物やMnO_2、Ptなどの金属およびCoNなどの金属窒化物などが検討されている。[6] 中でも$LaCoO_3$は優れた可逆性を示す触媒として、精力的に検討が行われてきた。しかし、繰り返し安定性は不十分であり、さらに優れた安定性が求められている。以上のように亜鉛—空気電池の2次電池化に向けて、空気極触媒は非常に重要な課題であり、可逆性と安定性を有する触媒の開発が求められている。

2　メソ構造を有する酸化物の空気極触媒への応用による繰り返し特性向上[7]

従来の研究で多くの材料が、亜鉛—空気電池の空気極として検討されてきた。特にペロブスカイト型酸化物は優れた酸素の還元活性を有することが知られており、図2に示すように、ORR活性はPt/Cには劣るものの、Pt/CがOER反応に活性が低いのに対して、OERにも活

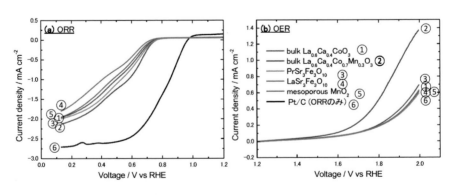

図2　種々の触媒のORR/OER活性　(a) ORR　(b) OER

性が高く、可逆性に優れることが報告されている。とくにCo系ペロブスカイトはCoが電解液に用いられる強アルカリの雰囲気でも安定で、溶出しないことから、亜鉛—空気電池の空気極として広く検討されてきた。図2に示すように、CoサイトにMnまたはFeを添加したLaCoO$_3$系ペロブスカイトの活性が優れることが知られている。図3には、図2に示したペロブスカイト型酸化物やPt/Cなどを空気極とした小型亜鉛—空気電池を試作し、充放電特性を測定した。図3に示すように放電容量は用いる空気極触媒に依存して変化し、Pt/Cを空気極とすると放電電位は1.3V程度と比較的高いものの、放電容量は、580mAh/g程度と小さくなった。一方、ペロブスカイト型酸化物は、放電容量は、やや低いながら、ほぼ理論容量に近い800mAh/gの放電容量を示した。充電に関しては、いずれも約2V程度であり、空気極触媒の違いはほとんど観測されなかった。ペロブスカイト型酸化物は放電容量は、小さいながらも大きな容量を示すことから、放電電位の向上を検討した。ペロブスカイト型酸化物は、高温安定相であり、一般に、高温焼成により表面積の低下を生じる。そこで、メソ細孔構造の導入によるORR活性の向上と、繰り返し安定性の向上を検討した。

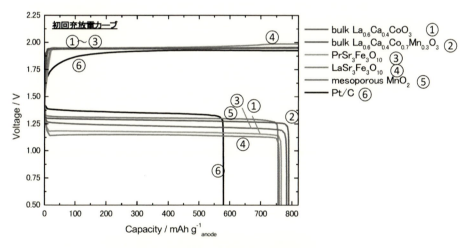

図3　試作した小型亜鉛—空気電池の充放電特性

　図4にはメソポーラス酸化物の合成に用いたハードテンプレート法のイメージを示す。筆者たちは、KIT-6というメソポーラスSiO$_2$をテンプレートとし、細孔内にLa$_{0.6}$Ca$_{0.4}$CoO$_3$（LCC）の前駆体を挿入し、その後、SiO$_2$を溶出することで、多孔質LCCの合成を行った。作成したメソポーラスLCCはN$_2$吸着による細孔分布の解析から3nm程度の細孔径からなるメソポーラス構造を有することが分かった。LaCoO$_3$の単相を得るには高温での焼成が必要であり、表面積として12m^2/gであったが、ハードテンプレート法で作成したLCCは表面積235m^2/gと大きく向上できることがわかった。そこで、表面積の増加によるORR/OER活性の向上が期待できる。図5にガス拡散電極を用いて測定した半電池によるORR/OERにおけるI-V曲線を示した。図に示すように、表面積は1桁違うにもかかわらず、ORR/OERの過電圧に違いはほ

とんどなかった。そこで、ORR/OER 活性は空気極触媒の表面積への影響は少なく、やはり表面の活性点の性質が支配的なようで、幾何学的な因子より、化学的な因子から開発を行う必要性を示唆していると考えている。

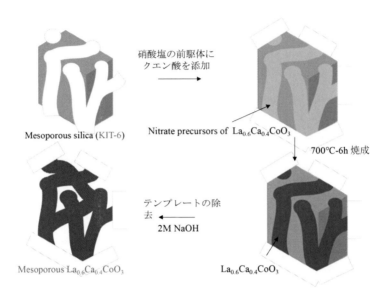

図4　メソポーラス酸化物の合成に用いたハードテンプレート法のイメージ

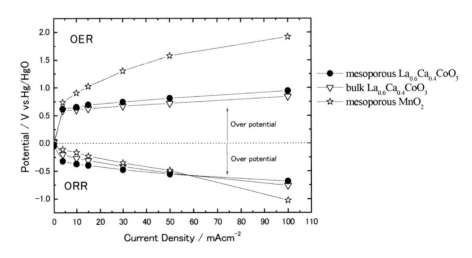

図5 ガス拡散電極を用いて測定した ORR/OER における I-V 曲線

一方、図6にはメソポーラスLCCおよびバルクLCCの室温における20mA/cm²でのORR/OERの繰り返し特性を示す。初回のI-V曲線の測定ではバルクLCCもメソポーラスLCCもほとんど違いはなかったが、繰り返し測定ではバルクLCCのOER電位が高くなり、繰り返しにおいてはメソポーラスLCCの方が安定したOER電位を示した。またORRに関しては同様の過電圧を示したが、安定な過電圧を示し、バルクLCCが40サイクル程度からORR電位が大きく低下するのに対して、メソポーラスLCCではさらに安定な繰り返し特性を示し、90サイクル後にも0.4V程度の過電圧を安定に維持できることが分かった。そこで、メソポーラス構造の導入は、初期活性の向上には有効ではないものの、繰り返し特性の向上には大きな効果があることがわかる。繰り返し後のLCC電極の組成を検討したところ、LaおよびCaがわずかに溶出し、組成が変化していた。そこで、繰り返しにおけるORR過電圧の低下は、このような組成の変動によると推定される。LaまたはCaは塩基性の高い条件ではこれらの希土類またはアルカリ土類酸化物は水和物を生成しやすく、溶出する傾向にあると考えられる。

LCCは比較的、可逆性に優れ、繰り返し安定性に優れ、広く検討されてきたが、さらに優れた活性と安定性を示す空気極触媒の開発は亜鉛―空気電池の2次電池化において必要不可欠である。そこで、希土類やアルカリ土類などの水酸化物を生成しない酸化物空気極触媒として、スピネル酸化物について検討している。

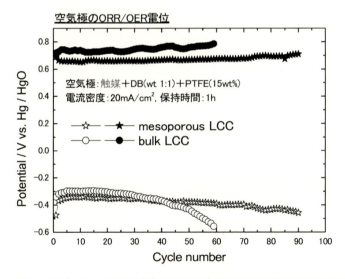

図6　メソポーラスLCCおよびバルクLCCの室温におけるORR/OERの繰り返し特性

図7には種々のスピネル酸化物のORR/OER活性をガス拡散電極で測定した結果を示している。スピネル酸化物は、従来、あまり検討されてこなかったが、優れた空気極電極特性を有しており、LCCなどのペロブスカイト酸化物に匹敵する活性を示すことが分かった。とくに$MnCo_2O_4$や$CoMn_2O_4$などのMn-Co系スピネルのORR/OER活性が優れた可逆性を有することがわかる。[8]一方、Mnはアルカリ電解液中への溶出が生じやすいが、$NiCo_2O_4$は比較的、

安定で繰り返し ORR/OER に活性を示し、200 サイクル以上にわたり安定に活性を維持することが可能であった。

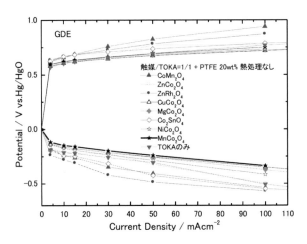

図7　種々のスピネル酸化物の ORR/OER 活性をガス拡散電極で測定した結果

図8には $NiCo_2O_4$ を空気極とする Zn- 空気電池の繰り返し充放電特性を示す。図6に示したメソポーラス LCC を用いる場合に比べると、亜鉛―空気電池での放電電位は、やや低いものの 1.05V 程度の電位を示し、充電電位は約2Vであった。しかし繰り返し特性は遥かに向上でき、ほぼ理論容量の 800mAh/g の放電容量において、300 サイクルまで充放電を行うことが可能であった。そこで、放電電位と充電電位が大きく異なるという、エネルギー効率が低いという課題はあるものの、空気極の安定性を向上できると Zn- 空気電池は2次電池としてある程度、使用が可能になると期待される。

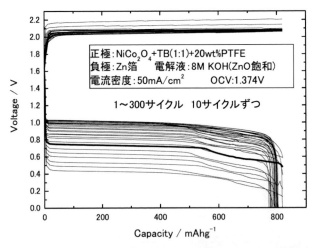

図8　$NiCo_2O_4$ を空気極とする Zn- 空気電池の繰り返し充放電特性

3 今後の課題と展望

本稿では Zn- 空気電池の現状と課題を紹介した。亜鉛―空気電池は 1 次電池としてはすでに十分な実績のある電池であり、2 次電池化が達成すると現在、要望の高い高容量、安全な電池として有望であると期待される。空気極触媒の安定性が向上できると、繰り返し特性に関しては実現できそうであるが、課題は、充電と放電の電位差であり、電池の運転方法や電池の構造などにより改善が必要である。とくにガスである酸素を充放電に用いる空気電池では空気極でのエントロピー損があり、このエントロピー損による過電圧を低減する手法を見出す必要がある。今後、さらに新しい放電電位を向上できる手法を開発する必要がある。今後の展開の期待できるポスト Li イオン電池と考えている。

参考文献

1) I. Kowalczk, J. Read, M. Salomon, Pure Appl. Chem.79 (5), 851 (2007).
2) 荒井創、資源と素材 117 巻、177 (2001)
3) J. Suntivich, H. A. Gasteiger, N. Yabuuchi, H. Nakanishi, J. B. Goodenough, Y. Shao-Horn, Nature Chemistry, 3, 546 (2011).
4) F. Beck, P. Ruetschi, Electrochem Acta, 45, 2467 (2000)
5) Y.G. Li, H.J. Dai, Chem. Soc. Rev., 43, 5257 (2007)
6) Y.C. Fan, S. Ida, A. Staykov, T. Akbay, H. Hagiwara, J. Matsuda, K. Kaneko, T. Ishihara, Small, 13 (25) 1700099 (2017)
7) T. Ishihara, L.M. Guo, T. Miyano, Y. Inoishi, K. Kaneko, S. Ida, J. Mat. Chem. A.,6, 7686 (2018)
8) T. Ishihara, K. Yokoe, T. Miyano, H. Kusaba, Electrochimica Acta, 300, 455 (2019)

第3章　次世代型二次電池の開発動向

第5節　リチウム硫黄電池の興隆

OXIS Energy Ltd.　Dr Adrien Amigues

はじめに

　昨今、グリーンな社会を目指す全世界的な傾向から、エネルギーストレージデバイスの需要が高まっている。二次（すなわち充電可能な）電池は、電気自動車、電気バス、電動飛行機、電動ボートなどの用途の産業展開を成功させるための鍵である。今日そうした用途の電源としてリチウムイオン電池が唯一の成熟した電池の候補であるが、ニッケル・マンガン・コバルト酸化物系（NMC）やリン酸鉄系（LiFePO$_4$）のリチウムイオン技術は高コスト[1]、平均エネルギー密度（単位質量あたりの保存エネルギー量、換言すれば「バッテリーがどれほど重いか」で、通常使用される単位は Wh/kg）、および安全上の懸念[2]が弱点である。こうした制限により、化石燃料からの移行が妨げられており、現在のリチウムイオン電池を凌ぐ新技術の開発競争が加速している。あらゆる候補のなかで、リチウム硫黄（Li-S）電池が現在多くの注目を集めている。それには複数の理由がある。

　第1に、硫黄の理論蓄電容量は（1,672 mAh/g〔硫黄〕）と高く、実際のエネルギー密度は最大 600 Wh/kg であり、最良のリチウムイオン電池のエネルギー密度と比較して2～3倍高い[3]。OXIS Energy や LG Energy Solution などのリチウム硫黄電池メーカーは、すでにエネルギー密度 400 Wh/kg を超えるパウチセルの試作品を発表している[4,5]。これらの試作品は、充放電中に反応中間生成物である多硫化リチウム（Li$_2$S$_x$, $1 \leq x \leq 8$）が電解液中に溶出する「従来型」のリチウム硫黄技術に基づいている。全体的な電気化学的反応は次のようなものである：

$$16Li + S_8 \rightleftharpoons 8\,Li_2S$$

　図1に、従来型のリチウム硫黄電池の略図と対応する充放電電圧曲線を示す。

　セル設計と材料のさらなる進歩により、リチウム硫黄電池のエネルギー密度は2021年末までに 500 Wh/kg を超えるものと予想されている[6]。実際には、これは、リチウム硫黄電池に貯蔵されたエネルギーが各種用途のためにリチウムイオン電池よりもかなり長い時間給電する潜在能力を持っており、たとえば、現在電気自動車につきものの航続距離の不安を解消することができるということを意味している。

第3章　次世代型二次電池の開発動向

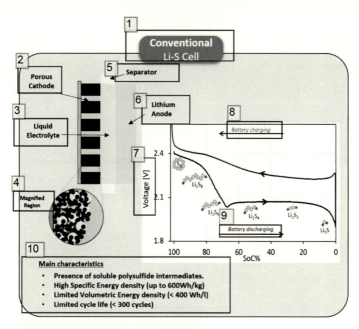

1) 従来型リチウム硫黄電池
2) 孔質カソード
3) 電解液
4) 拡大図
5) セパレータ
6) リチウムアノード
7) 電圧 [V]
8) 充電
9) 放電
10) 主な特性
　可溶性多硫化物中間生成物の存在
　高エネルギー密度（最大 600 Wh/kg）
　限定的な容積エネルギー密度（400 Wh/L 未満）
　限定的なサイクル寿命（300 サイクル未満）

図1　従来型のリチウム硫黄電池の略図および充放電電圧曲線（OXIS Energy Ltd の著作権使用許諾による）

　リチウム硫黄電池の第2の大きな利点は、安全性の向上である。リチウムイオン電池や他の次世代電池技術の候補に比べて、硫化物によるリチウム負極の不動態化が起こるリチウム硫黄電池は、破滅的な故障や熱暴走の危険が減じられている[7]。また、現在市販されているリチウムイオン電池とは異なり、完全放電状態での輸送や長期保管が可能である点も重要である。

　第3に、リチウム硫黄電池は、極めて低いコストで生産できる可能性がある。硫黄は地球上で最も豊富に存在する元素のひとつであるうえ、石油産業の副産物でもあることから、極めて安価である。技術がスケールアップし、規模の経済効果が加わることも考えると、コストはリチウムイオン電池の半分も可能であると予測されている。[8]

　最後に、リチウムイオン電池に使用されるNMCとは異なり、リチウム硫黄電池にはコバルト（Co）もニッケル（Ni）も使用しない。CoもNiも非常に高価な元素であり、サプライチェーンや環境の問題も考慮に入れれば、上記は大きな利点である。[9]

1. リチウム硫黄電池の組成

通常、リチウム硫黄電池はパウチセルを使用して製造される（図2参照）。これは、硫黄ベースの正極とリチウムの負極を積層したものと有機電解液で構成される。

図2　OXIS Energy Ltd 製造のリチウム硫黄パウチセルの例（OXIS Energy Ltd の著作権許諾により複製）

文献に拠れば、硫黄ベースの電気化学的に活性な物質は通常、Li_2S、S_8 または硫黄／ポリアクリロニトリル（SPAN）などの有機化合物である。あらゆる硫黄含有化学種のなかで、硫黄（S_8）は、入手容易であること、感湿性でないこと、正極に多量の硫黄負荷ができること（すなわち、より多くのリチウム／エネルギーを保存できること）から、好まれている。しかしながら、硫黄は非導電性であるため、通常は1種または複数種の炭素を混合して正極とする。添加された炭素は、導電性のマトリックスとして、また硫黄の母材として働く。次に、結合剤と溶剤を用いてスラリーを形成し、カレントコレクタ（集電体）に塗布して乾燥させて正極を作る。

リチウム硫黄電池に使用するアノード（すなわち負極）には通常リチウム金属が使用される。場合によっては、リチウムイオン電池のアノードと同様に銅箔などをカレントコレクタとして加えることが、製造上の視点から有利であると論じられる[10]。カレントコレクタの使用は、すでに確立しており、リチウムイオン電池に最適化されている技術を利用することを考慮したもので、積層したアノードと負極タブを溶接するパウチセル製造に必要なステップのためのものである。ただし、カレントコレクタを使用すると重量が増加する結果、電池のエネルギー密度が低下する。この問題を回避するため、純粋なリチウム金属のアノード（すなわちカレントコレクタなし）の積層を負極タブに溶接するための代替技術が確立されており、これが400 Wh/kg を超えるエネルギー密度達成のための鍵になっている[10]。

従来のリチウム硫黄電池では、多くの場合エーテル系の電解液が、充放電を通じて生成

される多硫化物の中間生成物を溶出させることで電気化学的反応を可能にしている。電解液は、大量に使用すれば良好な出力と充放電特性に貢献する一方、その重量が電池のエネルギー密度を低下させる大きな欠点になることから、極めて重要である。こうした理由で、高い充放電性能に加えて軽量化に資する電解液添加物、溶媒、および塩の性質は、リチウム硫黄電池技術の産業利用を意図している企業にとっては企業秘密に属するものなのである。

2. 将来の発展のための難問

2.1 サイクル寿命

リチウム硫黄電池の大きな欠点は短いサイクル寿命である。現在、最高性能の試作品でも、電池内の電解液量、使用するリチウムアノードの厚さ、サイクル中の放電深度に応じて最大200～300サイクルしか機能できない。この低いサイクル寿命の原因は、第1に、金属リチウムに接触した電解液が分解することによる。Li-NMCなどの技術では、サイクルを通じてリチウムの樹枝状結晶が生じる傾向があるのに対し、リチウム硫黄電池では可溶性の多硫化物の存在により広い面積に結晶が生じるため、リチウムアノードに苔状のリチウム堆積物が生じる[11]。そのため、リチウム硫黄電池は他の金属リチウムベースの技術に比べて本来的に安全である（樹枝状結晶／短絡により生じる熱暴走の可能性が大きく減じられるため）。しかし、電解液が短時間で分解する（「セルドライイング」としても知られる）傾向があるため、この技術のサイクル寿命は短いものになっている。この問題を解決するための、現在の研究方針は次の2段階である。

第1に、これまで、金属リチウムに対して安定性の高い電解液の塩と溶媒を特定することに大きな努力がなされてきた[12]。この方針は一定の成功を収め、現在達成されているサイクル寿命に資するところ大であった。しかしながら、この研究ルートは広い範囲で探求し尽くされ、その限界に達しているように見受けられる。

第2に、複数の研究グループで、電解液とアノードを物理的に分離することで電解液の分解を防ぐことのできるリチウムアノード保護層の開発が長い間試みられている。これは鮮やかな解決策のように見えるが、充放電を通じて繰り返されるアノードの膨張と収縮に耐えられ、さらに均一で可逆的なリチウムの堆積と剥離が可能な材料または仕組みの特定ができないことで難航してきた。それでも、最近大きなブレークスルーが報告されており[13,14,15]、それによって、リチウムアノードがうまく電解液から保護されていることが示された。これらの報告により、高エネルギーでサイクル寿命の長いリチウム硫黄電池とその試作品が近い将来に出現するであろうという期待が高まっている。

2.2 容積エネルギー密度

電池についてもう1つの重要な性能基準が、容積エネルギー密度（単位容積あたりの保存エネルギー量、換言すれば「バッテリーがどれほど小さいか」で、単位はWh/L）である。正極が硫黄ベースで多孔性が高いため、従来のリチウム硫黄電池は容積エネルギー密度の点では能力が比較的低かった。軽量の電池を必要とする用途（たとえば航空宇宙用途）では特別なエネルギー密度が重要である一方で、電気自動車のような容積に制約のある用途においては、大きな容積エネルギー密度（すなわち小型の電池）が必要である。容積エネルギー密度の点で向上できれば、リチウム硫黄電池はこの分野でも競争力を高められるであろう。

最近、多孔性の低いカソードを持つリチウム硫黄電池を設計する方針が出現している。そうした方針の一例が、高密度の正極を使用する全固体リチウム硫黄電池（図3の略図参照）の開

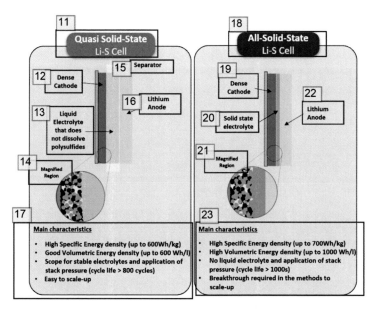

11) 準固体リチウム硫黄電池
12) 稠密カソード
13) 多硫化物を溶解しない電解液
14) 拡大図
15) セパレータ
16) リチウムアノード
17) 主な特性
　高エネルギー密度（最大600 Wh/kg）
　良好な容積エネルギー密度（最大600 Wh/L）
　安定した電解質とスタック圧力の使用の可能性（サイクル寿命800サイクル超）
　スケールアップの容易さ

18) 全固体リチウム硫黄電池
19) 稠密カソード
20) 固体状態の電解質
21) 拡大図
22) リチウムアノード
23) 主な特性
　高エネルギー密度（最大700 Wh/kg）
　高容積エネルギー密度（最大1000 Wh/L）
　電解液とスタック圧力の不使用（サイクル寿命1000回超）
　スケールアップの方法についてはブレークスルーが必要

図3　準固体リチウム硫黄電池（左）および全固体リチウム硫黄電池（右）の略図（OXISの著作権許諾により複製）

発に重点を置くものである。この技術は、高エネルギー密度、高容積エネルギー密度、高いサイクル寿命と安全性という大きな可能性を秘めている[16]。全固体リチウムイオン電池と同様非常に有望であるが、この技術をスケールアップするにはブレークスルーの実現が必要である。結論として、全固体技術の大量生産の実現は、今後5年から10年の間には期待できない。

その代わりの短中期的な戦略として、いわゆる「準固体リチウム硫黄電池」の開発と商業化が注目されている[17,18]。これは、全固体技術の持つ利点のほとんどを包含する一方で、リチウムイオン電池の製造にすでに確立している方法と設備を用いたスケールアップが可能であると期待されている。準固体リチウム硫黄電池は実質的に液体の電解質を含んでいるが、多硫化物の中間生成物に関連する化学反応は、カソード内で固体状態で発生し、電解質への多硫化物の溶出はない（または最小限）のである[18]。

準固体リチウム硫黄電池は、短期間で、エネルギー密度 550 Wh/kg および容積エネルギー密度 500 Wh/L を達成できると期待されている。多硫化物の中間生成物を電解質中に溶出させる必要がないため、広範囲の溶媒と塩を電解質の組成物として考慮できるのも有望な点である。つまり、準固体リチウム硫黄電池では、より長いサイクル寿命を実現できる可能性も高いのである。上記に加えて、従来のリチウム硫黄電池とは異なり、設計上、電池に中程度から高い外部圧力を加えることができる。これは、アノードでのリチウムの均一な剥離／堆積に有効であり、サイクル寿命を伸ばすことが知られているのである[19]。結果として、準固体電池技術は、高エネルギー密度と良好なサイクル寿命を必要とする市場に参入するリチウム硫黄電池に選択されると予想される。

おわりに

従来型、準固体、全固体を問わず、リチウム硫黄電池の大きな将来性は否定できない。高いエネルギー密度と容積エネルギー密度、安全性、環境への優しさ、および低コストを考えれば、リチウム硫黄電池は、化石燃料を廃した社会の基軸となる電池技術のひとつとして理想的な地位を占める。しかしながら、リチウム硫黄電池の産業利用が実現するには、超えるべき障壁が多くある。サイクル寿命の延長とともに、コストを削減しつつ実使用のための能力を実証するメーカーの能力が、リチウム硫黄電池の成功と失敗を分ける要因となるであろう。概して、リチウム硫黄電池は、航空宇宙、防衛、海事セクターなど、中程度のサイクル寿命を要する利益率の高い用途から始めて、電動車両市場に徐々に浸透していくであろう。たとえば、高高度疑似衛星（HAPS）をリチウム硫黄電池で駆動するための概念実証はすでに成功している[5,20]。この技術が長期にわたって進歩するにつれて、電気バス、電気トラック、および将来的には地域内の電気自動車といった用途の理想的動力源と見ることが可能であろう。

参考文献

1) Xaviery Penisa, et al., Energies,13, 5276, 2020.
2) Yuqing Chen, et al., Journal of Energy Chemistry, Volume 59, Pages 83-99, 2021.
3) A. Manthiram, Y. Fu, Y.-S. Su, Acc. Chem. Res, 46, 1125, 2013.
4) OXIS Energy, Press release, October 3rd 2018. https://oxisenergy.com/httpsoxisenergy-comwp-contentuploads201805press-release-23-may-2018-oxis-energy-begins-manufacturing-in-brazil-pdf-2/.
5) Mark Kane, INSIDEEVs, https://insideevs.com/news/443709/lg-chem-li-sulfur-battery-tested-aircraft, 2020.
6) Mark Kane, INSIDEEVs, https://insideevs.com/news/394309/oxis-cells-almost-500-wh-kg/, 2020.
7) Huang et al. Energy Storage Materials, 30, 2020.
8) Yang et al. Energy, 201, 2020.
9) Building a Responsible Cobalt Supply Chain, Faraday Insights, Issue 7, 2020.
10) Marek Szczerba et al. OXIS Energy, UK patent GB2495581, 2014.
11) Yunya Zhang, et al. ACS Energy Lett., 2, 12, 2696–2705, 2017.
12) Ning Ding, et al. Scientific Reports, 6, 33154, 2016.
13) Kai-Chao Pu, et al. Rare Metals volume 39, pages 616–635, 2020.
14) Jacob Locke et al. OXIS Energy, UK patent GB2585677.
15) Chong Yan, et al. Trends in Chemistry, Volume 1, ISSUE 7, P693-704, 2019.
16) Hui Pan, et al. Energy Fuels, 34, 10, 11942–11961, 2020.
17) Quan Pang, et al. Nat Energy 3, 783–791, 2018.
18) Sebastien Liatard et al. OXIS Energy, UK patent GB2577114.
19) D. P. Wilkinson, et al. J.Power Sources, 36, 517, 1991.
20) Sam Estrin, https://www.droneuniversities.com/drones/the-zephyr-high-altitude-pseudo-satellite-haps-aircraft-gets-lithium-sulfur-li-s-batteries/, 2015.

第3章　次世代型二次電池の開発動向

第3章　次世代型二次電池の開発動向

第5節　The rise of Lithium-Sulfur batteries

OXIS Energy Ltd.　Dr Adrien Amigues

Introduction

Recent global efforts to transit towards a greener society have led to an increased demand in energy storage devices. Secondary (or rechargeable) batteries are key to enabling the successful commercial roll-out of applications such as e-cars, e-buses, e-aircrafts, and e-boats. Today, Li-ion batteries are the only realistic mature candidate able to power such applications, however Li-ion technologies based on nickel manganese cobalt oxide (NMC) or LiFePO$_4$ suffer from high costs,[1] average specific energy density (the amount of energy stored per unit of mass or, in other words, "how heavy a battery is", commonly expressed in Wh/kg), and safety concerns.[2] These limitations have hindered the shift away from fossil fuels and fired up the race to develop new technologies able to outperform current Li-ion batteries. Out of all candidates, lithium-sulfur (Li-S) batteries are currently receiving significant attention. This is for several reasons.

First, sulfur has a high theoretical capacity to store lithium (1,672 mAh/g(sulfur)). This results in batteries having practical specific energy densities of up to c. 600 Wh/kg, which is two to three times higher than the energy densities delivered by the best Li-ion batteries.[3] Li-S cell manufacturers such as OXIS Energy and LG Energy Solution have already released pouch cell prototypes delivering energy densities above 400 Wh/kg.[4,5] These prototypes are based on the "conventional" Li-S technology whereby intermediate polysulfide species (Li$_2$S$_x$, 1 ≤ x ≤ 8) dissolve in a liquid electrolyte during cycling. The overall electrochemical reaction is described as follows:

$$16Li + S_8 \rightleftharpoons 8\,Li_2S$$

A schematic of a conventional Li-S cell and corresponding charge/discharge voltage curves are depicted in Figure 1.

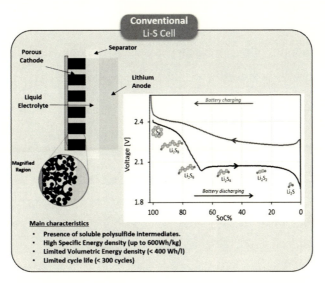

Figure 1: Schematic and example of charge/discharge voltage curves of a conventional Li-S cell. (Reproduced with copyright authorisation from OXIS Energy Ltd)

With further improvements in cell design and materials, it is expected that Li-S cells will have a specific energy density in excess of 500 Wh/kg by the end of 2021.[6] In practice, this means that the energy stored in Li-S batteries has the potential to power applications for much longer periods than Li-ion batteries and could, for instance, remove the range anxiety currently associated with electric vehicles.

The second major benefit of Li-S batteries is that they offer improved safety. The passivation of the lithium anode with sulfide materials reduces the risk of catastrophic failure and thermal runaway significantly when compared to Li-ion and other future battery technology candidates.[7] Importantly, Li-S batteries can be stored and transported in a fully discharged state for long periods, unlike current Li-ion cells on the market.

Thirdly, Li-S batteries have the potential to be produced at very low cost. Sulfur is one of the most abundant elements on earth as well as a by-product of the petroleum industry and is therefore very cheap. As the technology is scaled-up and benefits from the economies of scale, it has been forecasted that the cost of Li-S could be half that of Li-ion.[8]

Finally, unlike NMC used in Li-ion, Li-S does not contain cobalt (Co) or nickel (Ni) elements. This is a major advantage as both Co and Ni are very expensive and associated with supply chain and environmental concerns.[9]

1 Composition of Li-S cells.

Typically, Li-S batteries are produced using pouch cells (see Figure 2). These comprise stacks of sulfur-based cathodes, lithium anodes, and an organic electrolyte.

**Figure 2: Example of a Li-S pouch cell produced by OXIS Energy Ltd.
(Reproduced with copyright authorisation from OXIS Energy Ltd)**

In the literature, the sulfur-based electrochemically active material is usually selected from Li_2S, S_8 or organic compounds such as sulfur/polyacrylonitrile (SPAN). Out of all the sulfur-containing species, sulfur (S_8) is usually preferred as it is readily available, is not moisture sensitive, and allows for a high sulfur loading (i.e., a capacity to store more lithium/energy) in the cathode. Sulfur is however electronically insulating, and is therefore typically mixed with one or more types of carbons within the cathode. The added carbons act both as an electronic conducting matrix and as a host for the sulfur species. A binder and solvent are then used to form a slurry, which is cast and dried onto a current collector to form a cathode.

The anode (or negative electrode) used in Li-S is typically made of pure lithium metal. In some cases, it is argued that the addition of a current collector such as copper foil, similar to anodes used in Li-ion, is beneficial from a manufacturing point of view.[10] The presence of a current collector allows for the use of well-established techniques already optimised in Li-ion to bind the stack of anodes and negative tab together, a necessary step in the production of pouch cells. However, the use of current collectors results in additional weight, hence it lowers the specific energy density of the cell. To avoid this issue, alternative techniques have been implemented to allow for stacks of pure lithium metallic anodes (i.e., without current collectors) to be bound to the negative tab, which has been key in achieving specific energy densities above 400 Wh/kg.[10]

In a conventional Li-S cell, the electrolyte, often reported as ether-based, enables the electrochemical reaction by dissolving the intermediate polysulfide species produced throughout cycling. The electrolyte is key as whilst its presence in large excess contributes to good power and cyclability performance, its weight represents a major drawback to the specific energy density of the cell. For these reasons, the nature of electrolyte additives, solvents and salts which favor high cycling performance, as well as having a light weight, represent trade secrets of great value for those intending to commercialise Li-S cell technology.

2 Challenges and Future developments

3.1 Cycle life

The major drawback of Li-S is its relatively low cycle life. Currently, the best performing prototypes are only able to function for up to 200-300 cycles, depending on the amount of electrolyte in the cell, the thickness of the lithium anode used, and depth of discharge during cycling. This low cycle life is primarily due to the decomposition of the electrolyte when it comes into contact with metallic lithium. Whilst technologies such as Li-NMC tend to form lithium dendrites throughout cycling, the presence of soluble polysulfides in Li-S favors the formation of high surface area, moss-like lithium deposits on the lithium anode.[11] In doing so, Li-S is inherently safer than other lithium metal-based technologies (as the likelihood of thermal runaway caused by dendrites/short-circuits is much lower); however, its electrolyte tends to decompose quickly (also known as "cell drying"), shortening the cycle life of the technology. To resolve this issue, the main current research strategies are two-fold.

First, there has been a great focus on identifying electrolyte salts and solvents that are more stable with lithium metal.[12] This strategy has been somewhat successful and has led to the cycle life currently being achieved. However, this research route has now been extensively exploited and seems to have reached its limitations.

Secondly, research groups have long attempted to develop lithium anode protective layers which are able to hinder the electrolyte decomposition by physically isolating the electrolyte from the anode. This seemingly elegant solution has suffered from the inability to identify materials or mechanisms that are able to withstand the volume change occurring at the anode throughout cycling, as well as allowing for homogeneous and reversible lithium deposition/stripping. Nevertheless, major breakthroughs have been reported recently,[13,14,15] whereby protected lithium anodes were shown to successfully isolate the electrolyte from the anode. These reports have increased hopes that high energy Li-S cells with extended cycle life and corresponding cell prototypes can be expected to emerge in the near future.

3.2 Volumetric Energy density

Another important performance criterion of a battery is its volumetric energy density (the amount of energy stored per unit of volume or, in other words "how small a battery is", commonly expressed in Wh/l). Because of the large porosity of its sulfur-based cathode, conventional Li-S has relatively low potential for high volumetric energy density. Although the specific energy density is key to applications requiring lightweight batteries (e.g., aerospace applications), large volumetric energy densities (i.e., small batteries) are also necessary for volume-constrained applications such as e-cars. Li-S would therefore become more competitive in this area if it could increase its volumetric energy density.

Recently, strategies to design Li-S with low porosity cathodes have emerged. An example of one such strategy is the greater focus towards the development of All-Solid-State Li-S cells, which utilize very dense cathodes (see Schematic in Figure 3). This technology has

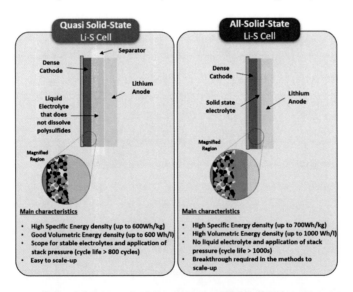

Figure 3: Schematics of Quasi Solid-State (left) and All-Solid-State (right) Li-S cells. (Reproduced with copyright authorisation from OXIS Energy Ltd)

great potential for high specific and volumetric energy densities, high cycle life and safety.[16] Although very promising, and similar to All-Solid-State Li-ion, breakthroughs need to be achieved in the methods used to scale up this technology. As a result, the mass production of All-Solid-State technologies is not expected to be achievable before the next 5 to 10 years.

As a short to medium term strategy, there has instead been increased focus on the development and commercialization of so-called "Quasi Solid-State Li-S" cells,[17,18] which are expected to encompass most of the benefits of All-Solid-State technology whilst being able to be scaled-up using methods and equipment already established to produce Li-ion. In essence, Quasi Solid-State Li-S still contain a liquid electrolyte, however the electrochemical reactions involving polysulfide intermediates occur in the solid state, within the cathode, and without (or minimal) polysulfide dissolution in the electrolyte.[18]

Quasi Solid-State Li-S is expected to reach energy densities above 550 Wh/kg and 500 Wh/l in the short term. Promisingly, as polysulfides intermediates are not required to dissolve in the electrolyte, a broader range of solvents and salts can be considered for the composition of the electrolyte, i.e., there is also a much greater scope for long cycle life with Quasi Solid-State Li-S cells. In addition, it is also expected that the design of such cells, unlike conventional Li-S, will allow for the successful application of moderate to high external pressure onto the cells, which is known to favor homogeneous lithium stripping/deposition at the anode and extension of cycle life.[19] As a result, Quasi Solid-State technology is anticipated to be the Li-S technology of choice to enter markets requiring batteries with high energy densities and good cyclability.

Conclusion

The great promise of Li-S cells, whether conventional, Quasi Solid-State or All-Solid-State is undeniable. The scope for high specific and volumetric energy densities, high safety, environmental friendliness and low cost puts Li-S in an ideal position to become one of the pivotal battery technologies in societies powered independently of fossil fuels. However, much still needs to be achieved in order for commercial Li-S to become a reality. The challenges of increasing cycle life, and battery manufacturers' ability to reduce the cost and demonstrate the capabilities of this technology in real life applications, will be the factors that will determine the success or failure of Li-S. Overall, it is expected that Li-S will gradually enter the e-vehicle markets, starting with high margin applications with moderate cycle life requirements, such as in the Aerospace, Defense and Maritime sectors. Proof-of-concepts to power High Altitude Pseudo Satellites (HAPS) with Li-S have for instance already been performed successfully.[5,20] As the technology improves in the longer-term, one can foresee that Li-S will also be an ideal source of power for applications such as e-Buses, e-trucks, and potentially domestic e-cars.

References

1) Xaviery Penisa, et al., Energies,13, 5276, 2020.
2) Yuqing Chen, et al., Journal of Energy Chemistry, Volume 59, Pages 83-99, 2021.
3) A. Manthiram, Y. Fu, Y.-S. Su, Acc. Chem. Res, 46, 1125, 2013.
4) OXIS Energy, Press release, October 3rd 2018. https://oxisenergy.com/httpsoxisenergy-comwp-contentuploads201805press-release-23-may-2018-oxis-energy-begins-manufacturing-in-brazil-pdf-2/.
5) Mark Kane, INSIDEEVs, https://insideevs.com/news/443709/lg-chem-li-sulfur-battery-tested-aircraft, 2020.
6) Mark Kane, INSIDEEVs, https://insideevs.com/news/394309/oxis-cells-almost-500-wh-kg/, 2020.
7) Huang et al. Energy Storage Materials, 30, 2020.
8) Yang et al. Energy, 201, 2020.
9) Building a Responsible Cobalt Supply Chain, Faraday Insights, Issue 7, 2020.
10) Marek Szczerba et al. OXIS Energy, UK patent GB2495581, 2014.
11) Yunya Zhang, et al. ACS Energy Lett., 2, 12, 2696–2705, 2017.
12) Ning Ding, et al. Scientific Reports, 6, 33154, 2016.
13) Kai-Chao Pu, et al. Rare Metals volume 39, pages 616–635, 2020.
14) Jacob Locke et al. OXIS Energy, UK patent GB2585677.
15) Chong Yan, et al. Trends in Chemistry, Volume 1, ISSUE 7, P693-704, 2019.
16) Hui Pan, et al. Energy Fuels, 34, 10, 11942–11961, 2020.
17) Quan Pang, et al. Nat Energy 3, 783–791, 2018.
18) Sebastien Liatard et al. OXIS Energy, UK patent GB2577114.
19) D. P. Wilkinson, et al. J.Power Sources, 36, 517, 1991.
20) Sam Estrin, https://www.droneuniversities.com/drones/the-zephyr-high-altitude-pseudo-satellite-haps-aircraft-gets-lithium-sulfur-li-s-batteries/, 2015.

第 3 章　次世代型二次電池の開発動向

第3章 次世代型二次電池の開発動向

第6節 リチウム空気二次電池

物質・材料研究機構 松田 翔一

はじめに

　蓄電デバイスとして広く利用されているリチウムイオン電池は、既にその理論限界のエネルギー密度に迫っており、そのエネルギー密度は 300 Wh/kg 程度が限界と推測されている。そのため、リチウムイオン電池よりも高いエネルギー密度を可能とする、次世代蓄電池に関する研究が近年盛んである。リチウム空気電池は、高い還元力を有する金属リチウムと、大気中の酸素を活物質として利用するため、リチウムイオン電池の2～5倍以上のエネルギー密度を実現することが可能であり、次世代蓄電池の最有力候補である[1,2]。実際に、500 Wh/kg を超えるセルも既に実証されており、リチウム空気電池の有する高いエネルギー密度の潜在能力は非常に魅力的である[3,4]。リチウム空気電池は、正極の多孔性カーボン電極、セパレータ、電解液、負極の金属リチウムを積層した単純な構造である点や、貴金属などを用いずに安価な材料で構成される点も次世代蓄電池として有望な理由として挙げられる。一方で、サイクル数、パワー密度は、現行のリチウムイオン電池に比べて低い性能にとどまっており、電池性能を向上させるための材料開発が急務である。本稿では、高エネルギー密度なリチウム空気電池を開発する上での課題を整理し、その解決に対する材料開発動向について概説する。

1. 高エネルギー密度セル設計とサイクル寿命を決める支配因子

1.1 高エネルギー密度なリチウム空気電池のセル設計

　リチウム空気電池は、正極活物質に空気中の酸素、負極活物質にはリチウム金属を用い、放電反応では負極のリチウム金属がリチウムイオンとして溶解し、それが正極側で酸素と反応し固体状の過酸化リチウム (Li_2O_2) が析出する。充電はこの逆反応が進行し、正極では Li_2O_2 が分解し酸素を放出、負極ではリチウム金属が析出する。正負極の反応式は以下のようになる。

$$正極：O_2 + 2Li^+ + 2e^- = Li_2O_2$$
$$負極：Li = Li^+ + e^-$$

　リチウム空気電池の活物質に対する電池容量は 3860 mAh/g（放電状態の Li_2O_2 に対しては 1170 mAh/g）であり、電圧 2.7 V を掛けたエネルギー密度は 10000 Wh/kg（放電状態では

3100 Wh/kg) 以上になる。ここで、実際の電池構成においては，活物質以外の電解液やセパレータといった他の部材の重量も加わるため、電池のエネルギー密度はこの値より小さくなる。図1aには、リチウム空気電池の材料評価で一般的に利用されているセルの重量の内訳を記す。負極として50μm厚みのリチウム箔、セパレータとして260μm厚みのガラスファイバー不織布、正極として150μm厚みのカーボン電極を用い、面積容量 1mAh/cm^2 の条件でセルのエネルギー密度を算出すると、38 Wh/kg という非常に低い値になる。これは、活物質以外の部材である電解液が電池総重量の多くの割合を占めていること、および、面積容量が低いことに起因する。ここで、セパレータとして20μm厚みのポレオレフィン膜を採用し、面積容量を 6 mAh/cm^2 とするとエネルギー密度は 610 Wh/kg まで向上する (図1b)。

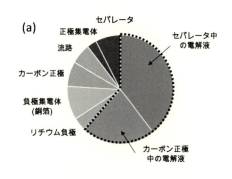
電解液が占める割合：62 %
エネルギー密度：38 Wh/kg
(a) 材料評価で一般的に利用されている
リチウム空気電池セルの重量内訳

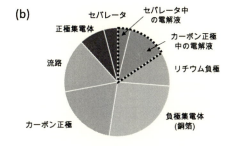
電解液が占める割合：15 %
エネルギー密度：610 Wh/kg
(b) 実用的に高エネルギー密度な
リチウム空気電池セルの重量内訳

図1

1.2 サイクル数を支配する主要因子の解明

従来のリチウム空気電池研究においては、電解液を過剰に含むセルで、面積容量が 1 mAh/cm^2 以下の条件で評価が行われており、実際に高エネルギー密度なリチウム空気電池を作製・評価した例は非常に限られてきた[5,6]。そのため、高エネルギー密度なリチウム空気電池の劣化要因に関しては、十分に検討が行われていないのが現状である。リチウム空気電池においては、理論的に想定される充放電反応に加えて、電解液やカーボン電極などの分解反応に由来する副生成物の発生を伴うため、電池内部の反応は非常に複雑である。そのため、正極の反応物質である酸素の物質収支を把握し、電池反応の効率や副反応の詳細を理解することは、電池の劣化要因を明らかにするために必要不可欠である。そこで、筆者らは、リチウム空気電池内部の複雑な反応を系統的に評価することが可能な分析システムを開発し、高エネルギー密度なリチウム空気電池の劣化要因を検討してきた[7]。図2aには、開発した分析システムの概念

図を示す。充放電反応時に発生する酸素、二酸化炭素、水といった揮発性成分を測定することで、電池内部反応を定量的に把握することが可能となる。本分析システムを、高エネルギー密度なリチウム空気電池セルに適用し、充放電反応中の物資収支の評価を行った。その結果、放電時には 4%、充電時には 7% の酸素が副反応に消費されていること、および、5% の水, 9% 二酸化炭素が副生成として発生していることが明らかとなった。図 2b には、本検討で得られた結果、および、これまで報告されてきた高エネルギー密度なリチウム空気電池セルを対象に[7,8]、縦軸にサイクル数、横軸にセル内部の電解液量に対する面積容量の比（E/C 値）をプロットした図を示す。2 つのパラメータの間に高い相関があり、サイクル寿命は E/C 値に強く依存することが分かる。この物理化学的起源としては、副反応に由来しした電解液の分解反応が主要因であると推測される[9,10]。

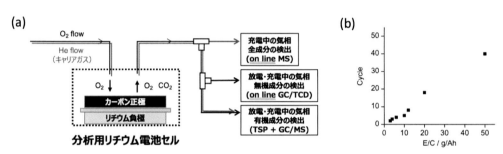

(a) リチウム空気電池内部反応の分析システム

(b) 高エネルギー密度なリチウム空気電池のセル内部の電解液量に対する面積容量の比（E/C 値）とサイクル数の関係

図 2

2. サイクル数向上を実現する新規電解液の開発

2.1 酸素正極に関する課題

　高エネルギー密度なリチウム空気電池セルにおける、サイクル数向上に向けては、酸素反応効率の向上、特に、電解液の分解反応の抑制が重要課題である。前節で紹介したように TEGDME を代表とするエーテル系溶媒は、充放電反応の反応中間体として生成する一重項酸素に対して不安定であるため、サイクルを繰り返すごとに溶媒の分解反応が進行する[7,11,12]（図 3）。そのため、リチウム空気電池環境において、より安定性の高い溶媒の採用が求められる。リン酸エステル溶媒は、高い酸化耐性や難燃性の性質から、リチウムイオン電池用電解液としても広く適用されてきた[13-15]。特に最近、$LiNO_3$ を含有した TEP(triethylphosphate) 電解液において、充電反応の大部分において、理論値相当の酸素が発生していることが報告されている[16]（図 4）。電解液が $LiNO_3$ を含まない場合には、このような高い酸素発生効率は観測されなかったことから、$LiNO_3$ が酸素発生効率向上に寄与していることが分かる。一方で、充電電圧が 4.0

Vを超える付近から、酸素発生量が急激に低下し、二酸化炭素発生量が増大していることが分かる(図4)。^{13}Cを含有するカーボン電極を用いた実験から、この充電反応後期において発生する二酸化炭素は、TEP溶媒ではなく、正極カーボン電極から発生していることが明らかとなっている。このように安定な電解液の開発においては、カーボン正極の酸化耐性も考慮した上で、材料開発・評価を進める必要がある。

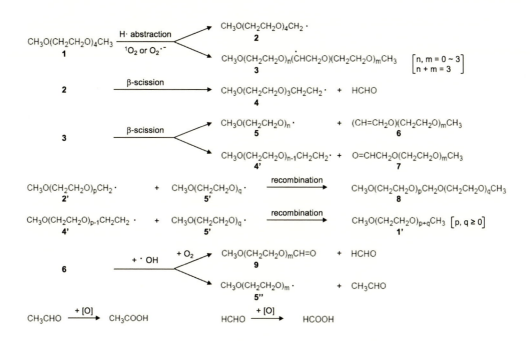

図3 Tetraethylene glycol dimethyl ether(TEGDME)の分解反応機構

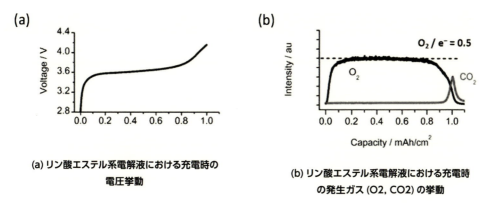

(a) リン酸エステル系電解液における充電時の電圧挙動

(b) リン酸エステル系電解液における充電時の発生ガス(O_2, CO_2)の挙動

図4

2.2　金属リチウム負極に関する課題

　リチウム電極の安定な長期サイクル反応を実現するためには、リチウム電極/電解液界面に形成される界面被膜（SEI 被膜）の重要性が広く認識されている[17]。SEI 被膜の形成には電解期組成（添加剤含む）の与える影響は非常に大きく、これまでに金属リチウム電極用の電解液系が多数提案されてきた。特に、近年、LiFSI を用いた高濃度電解液系でクーロン効率 99.0 % 以上の達成が報告されており、進展が著しい[18]。一方で、リチウム空気電池用の電解液設計を考えた場合には、酸素正極に安定な溶媒を選定する必要があること、および、電解液中に正極反応物（特に酸素）が存在していること、が SEI 被膜形成に与える影響を考慮する必要がある。実際に、電解液中に酸素溶存する条件では、Li_2O に代表される酸化物で構成される SEI 被膜が安定な Li 析出溶解反応を実現する上での重要性も指摘されている[19]。また、充放電反応に伴ってリチウムの析出・溶解反応が繰り返されることから、SEI 被膜には、このような大きな体積変化に追従するような柔軟性が求められる。そのため、リチウム空気電池におけるリチウム負極の安定な長期サイクル反応を実現するためには、従来のリチウム電極用電解液とは大きく異なった設計指針に基づいた電解液開発が求められる。

2.3　正極・負極双方の反応を両立する電解液設計

　リチウム空気電池用電解質には、正極での酸素活性種に対する高い酸化耐性と、負極における金属リチウムに対する高い還元耐性の両立が求められる。しかしながら、一般的に溶媒は酸化耐性が高ければ還元耐性が低く、逆に還元耐性が高ければ酸化耐性は低い。そのため、リチウムイオン電池と同様に、添加剤などを利用することで副反応を速度論的に抑制し、正極・負極両反応における可逆性向上を目指す戦略が必要となる。そのため、電解液中に導入される添加剤は、正極・負極の両電極において機能することを念頭に、電解液添加剤の設計・開発を行うこととなる。特に、複数の化合物の協調効果に基づいた SEI 被膜の形成は、リチウム電極の安定な長期サイクル反応実現に向けて有効な方策の一つである[20]。一方で、このような複数の化合物で構成される電解液添加剤の組合せは非常に膨大な数に及ぶ（たとえば、20 種類の化合物の組合せは、2^{20} = 1048576 通り）。そのため、人海戦術に頼った従来的な探索手法では、このような広大な探索空間から目的とする電解液組成を発見することは困難であり、このことが、新規電解液開発のボトルネックとなっているのが現状である。

　このような背景をふまえ、筆者らは、多様な化合物から構成される電解液添加剤の探索能力の飛躍的向上を目的として、ハイスループット電池評価システムを用いた電解液添加剤の探索手法を開発してきた[21]。具体的には、コンビナントリアル手法を用いた電解液ライブラリーの高速合成法や、マルチ端子電極を利用した高速電池特性検証法を確立し、1 日で 1000 サンプル以上の評価を行うことができる (図5)。実際に、本手法を用いた探索により、14 種類の添加剤候補から 5 種類を選定するような 2002 通りについて、その CE を検討した結果、特定の 5 種類の添加剤を含んだ電解液が、金属リチウムの反応効率を飛躍的に向上させることを見出した[21]。重要なことに、5 種類のうち 1 種類でも化合物が欠けるとリチウム反応効率が著しく低

下する。この結果は、本電解液で観測された高いリチウム反応効率が、複数の化合物の協調的効果に由来することを示唆している。そこで、この5種成分、および幾つかの成分が欠落した電解液で、それぞれ形成される SEI 被膜組成を XPS により検討した。その結果、特異的に高いリチウム反応効率は、LiF および炭素化合物由来の成分が共存する場合にのみ得られることが分かった。LiF や炭素化合物由来として考えられる Li_2CO_3 や oligomer 成分は良好な SEI 被膜として報告されている[22,23]。したがって、本電解液においても、このような化合物が共存した SEI 被膜が形成されたことが、高いリチウム反応効率を導く本質的な要因であると考えられる。

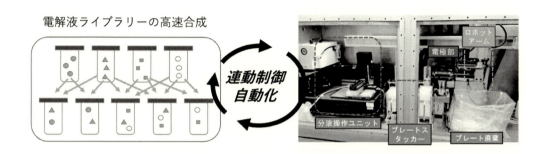

図5　ハイスループット電池評価システムを用いたコンビナトリアル電解液探索の概念図

ここで紹介したハイスループット電池評価システムを用いた電解液添加剤の探索においては、探索の過程で得られる大量の測定データに対して、ベイズ最適化や探索アルゴリズムに代表されるデータ科学的手法を適用することで、高い Li 反応効率を可能とする電解液添加剤組成の発見高速化が可能となる。このような、マテリアルズインフォマティクスと呼ばれる大量のデータを活用した材料探索手法は、電池分野においても固体材料の探索を中心に近年、盛んに研究が行われている。データベースが豊富な固体電解質や正極活物質などの結晶性材料を中心に新規材料の提案がなされている一方で、電解液の開発に対しては実施例が限られているのが現状である[24]。データ科学・計算化学と連携した新規材料開発によるリチウム空気電池の性能向上が期待される。

3. サイクル数向上を実現する新技術の開発

3.1　多孔性カーボン正極への電解液注液技術

高エネルギー密度なリチウム空気電池を実際に作成する場合には、セル内部の電解液量を削減することが重要である。この場合、薄膜セパレータの採用に加えて、多孔性カーボン正極中への電解液注液方法についても併せて考慮する必要がある。多孔性カーボン正極は、Li イオンの効率的な移動を可能にするために電解液で完全に濡れた状態であることが理想的である。し

かしながら、実際には、電解液が少量の場合には、正極中の電解液分布の不均一性が課題となる。不均一な電解液の分布は充放電反応の局在化を引き起こし、サイクル特性劣化の原因となり得る。実際に、高エネルギー密度なリチウム空気電池セルにおいては、正極への電解液注液方法・電解液量が、電池特性に大きな影響を与えることが報告されている[25] (図6a)。特に、電解液量がカーボン電極中の空隙量に対して60%以下の場合には、放電反応時の過電圧が急増することから、不均一な電解液の分布が有効な電気化学反応面積の減少を引き起こしていると推測される(図6b)。また、電解液量が正極の空隙容量の50%未満の場合には、充放電初期において過電圧が急増するという特徴的な電池劣化挙動が観測されている(図6c)。このように、高エネルギー密度なリチウム空気電池の特性は、電解液注液方法・電解液量に大きく影響を受ける。以上の結果は、多孔性カーボン電極開発における電解液との濡れ性を考慮することの必要性や、リチウム空気電池に適した電解液注液方法の開発の重要性を示唆するものである。

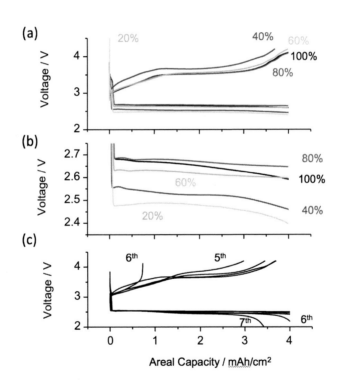

図6 リチウム空気電池の充放電特性のカーボン電極への電解液注液量依存性
(a,b) 注液率20~100%における初回充放電特性
(c) 注液率60%における充放電サイクル

3.2 リチウム負極の体積変化を緩和する3次元マトリックス

リチウム空気電池特有の課題として、負極の大きな体積変化が挙げられる。本課題に対しては、3次元マトリックス材料をリチウム電極の基材として用いる方策が提案されている[26,27]。適切な内部細孔構造を有した3次元マトリックス材料は、Li析出溶解に伴った負極の体積変化を緩和する効果や、電池短絡の要因となるデンドライト状のリチウム析出の抑制にも効果が期待される。一方で、3次元マトリックス材料の物性（電子伝導性、細孔径）とLi析出溶解反応特性の関係性については統合的な理解には至っておらず、負極の体積変化を抑制における必要因子が不明確であった。筆者らは、エレクトロスピニング法で作成されるナノファイバー不織布をモデル材料として、リチウム負極基材への適用可能性を検討してきた[28,29]。エレクトロスピニング法では、前駆体溶液の粘度調整により、そのファイバー径を系統的に制御することができる。また、得られサンプルを窒素雰囲気で熱処理することで、ファイバーに電子伝導性を付与することも可能である。たとえば、ポリアクリルニトリルを原料とする直径1μm程度の絶縁性ファイバーで構成される3次元マトリックスを用いた場合には、$10mAh/cm^2$に相当するLi析出溶解反応において、負極の体積変化を大幅に低減することができる[28]。Li析出反応後、および、Li溶解反応後における、電極の断面SEM像を図8に示す。Li析出反応後の電極においては、絶縁性ファイバーで構成される3次元マトリックス材料の空隙空間内部に金属リチウムが堆積し(図8a)、Li溶解反応後においては、これらの析出物は消失していることが明らかとなっている(図8b)。一方で、より細いファイバー(0.5μm～0.1μm)で構成される絶縁性3次元マトリックスや、電子伝導性を有するファイバーで構成される3次元マトリックスを用いて同様の検討を行った場合には、3次元マトリックスとセパレータの界面でLi析出反応が進行する[28,29]。以上の結果は、適切な空隙サイズを有した3次元マトリックス材料を導入することで、Li析出溶解反応に伴った負極ユニットの体積変化が抑制可能であることを示している。

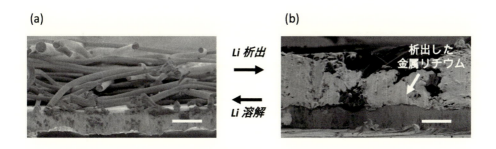

図7 金属リチウム電極の体積変化を緩和する3次元マトリックス材料
(a,b) 直径1μm程度の絶縁性ファイバーで構成される3次元マトリックスを用いた場合の
(a)Li溶解反応後、(b)Li析出反応後の電極断面SEM像。スケールバー：20μm

おわりに

本稿では、現行のリチウムイオン電池のエネルギー密度を大幅に上回る可能性を有した電池系であるリチウム空気電池の材料開発動向について紹介した。1996年にAbrahamらがプロトタイプとなる電池系を報告して以降[1]、リチウム空気電池に関する研究開発が本格化したが、安定な充放電を可能とするエーテル系電解液が報告されたのは2010年と、ごく最近のことである。そのため、今後の研究開発による電池性能向上の余地は大きい。たとえば、サイクル数向上のためには、電池内部の副反応を徹底的に低減することが必要となるが、充電過程で発生する一重項酸素による溶媒分解反応の存在が、最近になって報告されている[11,12]。安定な新規電解液系の探索や一重項酸素を失活させる添加剤の開発が今後重要になってくると考えられる。データ科学・計算化学と連携したマテリアルズインフォマティクスに代表される新規手法を積極的に活用した今後の材料開発が大いに期待される。

References

1) J. Christensen, D. Cook, P. Albertus, J. Electrochem. Soc., 160, A2258 (2013)
2) K.M. Abraham, Z. Jiang, J. Electrochem. Soc., 143, 1 (1996)
3) J.O. Park, M. Kim, J.H. Kim, K.H. Choi, H.C. Lee, W. Choi, S.B. Ma, D. Im, J. Power Sources., 419, 112 (2019)
4) H. Lee, D.J. Lee, M. Kim, H. Kim, Y.S. Cho, H.J. Kwon, H.C. Lee, C.R. Park, D. Im, ACS Appl. Mater. Interfaces., 12, 17385 (2020)
5) H.G. Jung, J. Hassoun, J.B. Park, Y.K. Sun, B. Scrosati, Nat. Chem., 4, 579 (2012)
6) C. Wu, T. Li, C. Liao, Q. Xu, Y. Cao, L. Li, J. Yang, J. Electrochem. Soc., 164, A1321 (2017)
7) M. Ue, H. Asahina, S. Matsuda, K. Uosaki, RSC Adv., 10, 42971 (2020)
8) S. Zhao, L. Zhang, G. Zhang, H. Sun, J. Yang, S. Lu, J. Energy Chem., 45, 74 (2020)
9) B.D. McCloskey, D.S. Bethune, R.M. Shelby, G. Girishkumar, A.C. Luntz, J. Phys. Chem. Lett., 2, 1161 (2011)
10) S.A. Freunberger, Y. Chen, N.E. Drewett, L.J. Hardwick, F. Bardé, P.G. Bruce, Angew. Chemie Int. Ed., 50, 8609 (2011)
11) J. Wandt, P. Jakes, J. Granwehr, H.A. Gasteiger, R.A. Eichel, Angew. Chemie - Int. Ed., 55, 6892 (2016)
12) N. Mahne, B. Schafzahl, C. Leypold, M. Leypold, S. Grumm, A. Leitgeb, G.A. Strohmeier, M. Wilkening, O. Fontaine, D. Kramer, C. Slugovc, S.M. Borisov, S.A. Freunberger, Nat. Energy., 2, 17036 (2017)

13) X. Wang, E. Yasukawa, S. Kasuya, J. Electrochem. Soc., 148, A1058 (2002)
14) E.G. Shim, T.H. Nam, J.G. Kim, H.S. Kim, S.I. Moon, Electrochim. Acta., 54, 2276 (2009)
15) J. Wang, Y. Yamada, K. Sodeyama, E. Watanabe, K. Takada, Y. Tateyama, A. Yamada, Nat. Energy., 3, 22 (2018)
16) S. Matsuda, H. Asahina, J. Phys. Chem. C., 124, 25784 (2020)
17) X.B. Cheng, R. Zhang, C.Z. Zhao, F. Wei, J.G. Zhang, Q. Zhang, Adv. Sci., 3, 1 (2015)
18) J. Qian, W.A. Henderson, W. Xu, P. Bhattacharya, M. Engelhard, O. Borodin, J.G. Zhang, Nat. Commun., 6, 6362 (2015)
19) X. Xin, K. Ito, A. Dutta, Y. Kubo, Angew. Chemie Int. Ed., 57, 13206 (2018)
20) X. Li, J. Zheng, X. Ren, M.H. Engelhard, W. Zhao, Q. Li, J.G. Zhang, W. Xu, Adv. Energy Mater., 8, (2018)
21) S. Matsuda, K. Nishioka, S. Nakanishi, Sci. Rep., 9, 6211 (2019)
22) X.-Q. Zhang, X.-B. Cheng, C. Xiang, Y. Chong, Q. Zhang, Adv. Funct. Mater., 27, 1605989 (2017)
23) D. Aurbach, E. Zinigrad, Y. Cohen, H. Teller, Solid State Ionics, 148, 405 (2002)
24) K. Sodeyama, Y. Igarashi, T. Nakayama, Y. Tateyama, M. Okada, Phys. Chem. Chem. Phys., 20, 22585 (2018)
25) S. Matsuda, S. Yamaguchi, E. Yasukawa, H. Asahina, H. Kakuta, H. Otani, S. Kimura, T. Kameda, Y. Takayanagi, A. Tajika, Y. Kubo, K. Uosaki, ACS Appl. Energy Mater., (2021)
26) R. Mukherjee, A. V. Thomas, D. Datta, E. Singh, J. Li, O. Eksik, V.B. Shenoy, N. Koratkar, Nat. Commun., 5, 3710 (2014)
27) C.P. Yang, Y.X. Yin, S.F. Zhang, N.W. Li, Y.G. Guo, Nat. Commun., 6, 8058 (2015)
28) S. Matsuda, Y. Kubo, K. Uosaki, S. Nakanishi, ACS Energy Lett., 2, (2017)
29) S. Matsuda, Carbon, 154, 370 (2019)

第4章
次世代型二次電池の車載応用の現状と課題

第4章 次世代型二次電池の車載応用の現状と課題

第1節 次世代型二次電池(電力貯蔵装置)及びシステムの車載応用の現状と課題

神奈川工科大学　石川 哲浩

はじめに

　環境対応として二酸化炭素(CO_2)排出量が少ない、電気自動車や燃料電池自動車、ハイブリッド車が脚光を浴びてから数年がたつ。また、駆動用二次電池以外でも補機用電池(12Vバッテリー、24Vバッテリー)や自然エネルギーの貯蔵用の据え置き用二次電池と最近ではパリ協定に代表されるように低炭素社会への流れの中、二次電池の重要性が急激に高まりつつある。今回は脚光を浴びつつある二次電池及びシステムについて詳説する。

　地球温暖化が問題視されている中、二酸化炭素を発生する輸送体である自動車の増大が懸念されている。図1に二酸化炭素の増加の状況を示す。

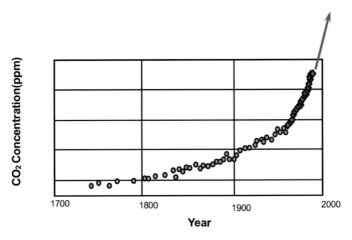

図1　大気中二酸化炭素の状況

　その中で二酸化炭素の排出量を低減したガソリンハイブリッド車や走行時二酸化炭素の排出量がない燃料電池自動車の市場への投入がなされつつある。1997年に投入された量産ガソリンハイブリッド車は現在では月産1万台以上が生産され、累計のガソリンハイブリッド車は数千万台越えに達している。また、二酸化炭素の排出量がない燃料電池自動車は2002年のリース販売から2014年の売り切り販売に切り替え、世界で数万台は市場に供されている。[1]

1　車両用二次電池の歴史

　二次電池を使う代表的な車両が電気自動車（EV）やハイブリッド車（HV）、燃料電池車（FCV）である。日本の大手車両 OEM であるトヨタ社の EHV、FCHV の歴史をみれば過去の電動車と搭載二次電池の歴史がわかる。図2にトヨタの電動車両の歴史を示すが、1990年代のタウンエース、コースター SHV までは EV-30,EV-40 [2)] を除いて鉛バッテリー、EV-30、EV-40 は研究開発として亜鉛臭素電池を搭載。RAV4EV、市販開始のプリウスからは NiMH が主流。ちなみに初めて世間にお披露目した東京モーターショーでのプリウスは電池ではなくスーパーキャパシタ（電気二重層コンデンサ）を搭載していた。図にはないが近年はプラグイン HV からは LiB バッテリーが徐々に増加、小型軽量ということで、HV にもプリウス α から 4 Ah の LiB が搭載されてきた。このように、電力貯蔵装置は 80 年代後半から鉛バッテリーからの変革が試みられてきた。これは小型軽量な貯蔵装置の出現と後述する要求仕様の明確化が背景にある。

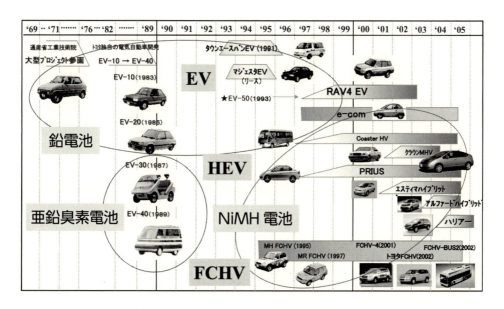

図2　トヨタの EV・HEV・FCHV 開発の歴史

2　車載電池（電力貯蔵装置）への要求性能

　車載電池（電力貯蔵装置）は大きく分けて駆動用電池とランプや ECU などの補機類の電源となる 12V や 24V の補機電池（電力貯蔵装置）がある。[3)] それぞれで要求は異なることを理解しておく必要がある。図3にハイブリッドの高電圧システム図を示すが、図の左にあるのが、駆動用電池で NiMH が多用されている、電池容量としては 1kWh と大きく 12V 系補機電池（55Ah × 12V）の約倍の容量である。この駆動用電池で、車両の軽負荷時の EV 走行をさせたり、制動時の車両の減速エネルギーを回収（回生制動）させたりしている。[4)]

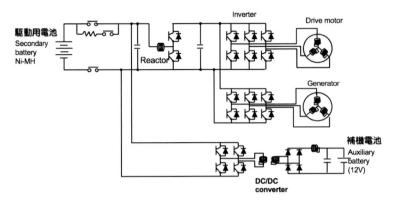

図3 THS(Toyota Hybrid System)-Ⅱ High Voltage System

　まず、補機電池に関しては、この電源は人間の脳と一緒であって、手足であるアクチュエータがフェイルしても最後の最後まで電源機能は残さなければならない。というのはECU類にダイアグノーシス（故障診断結果）として残さなければならない。そのためにはCPUを生かしておくだけの電源が必要。なので、冗長系を考えてバックアップ電源などの構成が必要になってくる。図4にはEMPSシステムの電源構成を一例としてあげているが、重要部品であるパワーステアリングやECB（Electrically Controlled Brake system; 電子制御ブレーキシステム）はバイワイヤであるために、電源系の冗長系が図られている。また、電池本体やBMS（Battery Management System; 電池ECU）に対しても信頼性向上と故障検知、フェイルセーフを要求される。近年では、鉛フリー化で自動車の12V電池を鉛を使わない電池に変えようとの動きが欧州を中心にあるが、現在の地球環境に対しての負荷を問われる状況では避けて通れない内容であろう。となると、鉛電池に変わるものとして、車載市場実績があり、鉛を使用しない電池としてNiMHかリチウム電池に絞られてこよう。このような状況下では先に述べた安全性やフェイルセーフの考え方が重要になるし、それを考えるなかから最適貯蔵装置が見えて来るであろう。

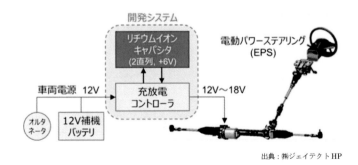

図4 EMPSシステム電源構成

第4章　次世代型二次電池の車載応用の現状と課題

　駆動用電池に関しては、安全性、フェイルセーフは勿論であるが、更に体格、重量というファクターの重要度が増してくる。というのは、やはり駆動エネルギーはエコランを含めて補機エネルギーに比べ大きいので電池容量としては大きくなるために車両搭載性や車両重量に対しての影響が懸念されるからである。

　では、この体格、重量を考えるときに重要なのが、電力貯蔵装置に対する出力要求値とエネルギー（容量）要求値である。それを踏まえて Ragon Plot から最適電力貯蔵装置を見極めることが重要となる。

　以下に一例として、ガソリンハイブリッドと燃料電池ハイブリッドの例を挙げる。図5には燃料電池車とハイブリッドの 10 − 15 モード走行時のネット効率を示しているが、軽負荷時には燃料電池及びガソリンエンジン効率が悪いので EV 走行、すなわち電力貯蔵装置からのエネルギーでの走行となっている。[5]

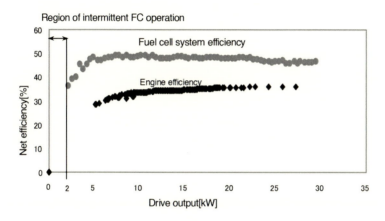

図5　Comparison of Net Efficiency of Fuel Cell and Engine　(in Japan 10-15 Mode)

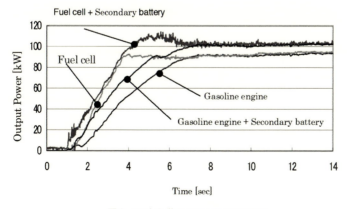

図6　Fuel Cell Response(at WOT)

また、図6には停止からフルアクセルでの加速時の各デバイスからの出力特性を示している。これらのデータから電力貯蔵装置への出力要求値を求めて、また、エネルギー（容量）要求値はEV走行させる距離、車両としての最大出力要求（高速登坂が相当する）及び減速エネルギー回収量を踏まえて求める。図7にRagon Plotを示すが、そのグラフ上に要求出力、要求エネルギー量から図に示すように要求線が描けるが、それを見ながら最適な貯蔵装置を選択するようになる。この図の例の場合ではスーパーキャパシタが最適貯蔵装置となる。[6] リチウム電池でも適応は可能だが出力を実現するために容量を要求値以上に搭載することになり体格・重量的（当然コストも）に不利になる事を示している。このような見極めを低温時、高温時についても見る必要性がある。特にリチウムは一部の電極材を除いて低温時に出力密度が低下するため重要である。特に低温環境下での低容量のプラグインHV[7]や小型EV[8]では必須となる。

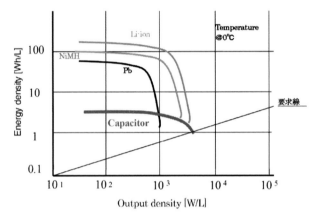

図7 Ragon Plot Characteristics for Different Electrical Power Storage Devices

　このように、使うアプリケーション、システムによってエネルギー型電力貯蔵装置が最適なのかパワー型電力貯蔵装置が最適なのかが決まってくる。よって、電力貯蔵装置は、どの方向に開発の主軸を置くのか、また、開発目標値をどこにするのか見極めて開発を進める必要がある。

　これは言い換えれば、電力貯蔵装置の技術進歩は目を見張るものがあるので、その技術進歩に応じて最適システム構成は変わる可能性がある。現在の貯蔵装置を踏まえたシステム構成が未来永劫最適とは限らないということでもある。[9]

　余談ではあるが、今回の話は車載に特化されているが、据置用、特に電力系統に接続するESS（Energy Strage System；蓄電池システム）も同様な事が言える。[10] ピークシフトなどは、完全にエネルギー型でないとメリットが出せないし、風力発電などのFR（Frequency Regulation）用ではパワー型でないと熱的に持たない。FRなどでは、スーパーキャパシタや機械的な電力貯蔵であるフライホイールバッテリーなどが適しているかもしれない。参考に図8にフライホイールバッテリーのイメージ図を示す。

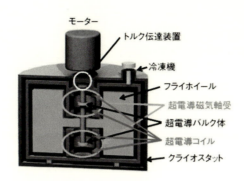

図8 超電導フライホイールイメージ図

3 現状の電池（電力貯蔵装置）性能

現状の電力貯蔵装置の性能がどのような状況なのか、述べていく。図9には現状の電力貯蔵装置のエネルギー密度を示す。

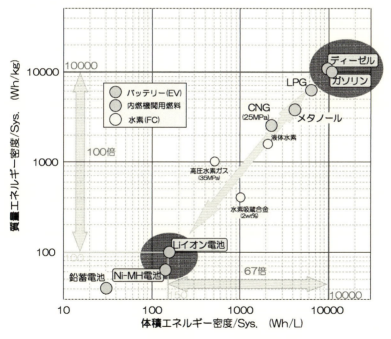

図9 燃料種別のエネルギー貯蔵密度の比較

リチウムイオン電池は重量あたり100Wh/kgで容積あたり150Wh/Lであるのに対して、ガソリンは重量あたり10000Wh/kg、容積あたり10000Wh/Lとリチウムイオン電池の重量あたりで100倍、容積あたりで67倍の違いがある。

他の貯蔵装置で、燃料電池車に使われる水素や天然ガス自動車に使われるCNGがあるが、高圧水素ガスは35MPaの高圧タンクでリチウムイオン電池に対して重量あたり10倍のエネルギー密度、CNG天然ガスは25MPaタンクでリチウムイオン電池に対して重量あたり16倍のエネルギー密度。これらからわかるように、エネルギー密度がガソリンを筆頭に水素、天然ガスよりあまりに低すぎるのが課題である。元々電気は貯めるのが苦手なエネルギーであるので、ガソリンタンクローリー車のように電気をトラックで運ぶ事ができずに高圧電線などの配電網でエネルギーを運ぶしかなかった。

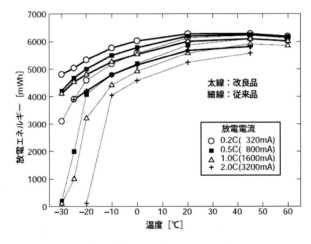

図10　18650電池の温度特性

　また、電池などの電力貯蔵装置は温度に対しても課題を抱えている。特に最近エネルギー密度の高さからリチウム電池が脚光を浴びて車載にも採用されているが、低温特性が課題となっている。図10には正極材にコバルト、ニッケル、マンガン系を用いた一般的なリチウム電池の温度特性を示している。[11] 低温側ではエネルギーが放出できない、出力が確保できないという状況にある。よって、車載電池では電池を温めるデバイスを設定している車両も見受けられる。テスラの初代ロードスターでは電池温調のために、空調用のエアコンの冷媒を用いて電池冷却と暖機を実現したり、他OEMの車両ではヒータを使って電池を温めたりしている。同じリチウムでもチタン酸リチウムを用いた東芝SCiBは低温特性はいいが、エネルギー密度がやや低く、高価である。

　電池で大きな課題は寿命である。図11には電池のSOC (State of Charge) のスイング量 (Δ SOC) と寿命との関係が示してある。Δ SOCを大きく取れば寿命は低下する。また、電池の種類に関してもNiMHとリチウム電池は、ほぼ同等と見ていいと思われる。この図では充放電電流レートが示していないが、一般的には充放電電流が大きくなると同じΔ SOCでも寿命は低下する。また、リチウム電池では、SOC値の満充電に近い高いところでの高温放置では

第4章　次世代型二次電池の車載応用の現状と課題

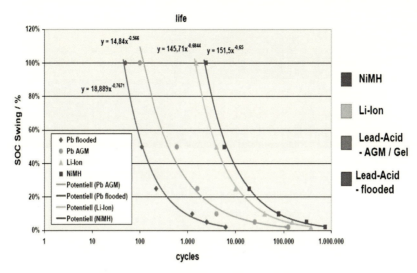

source:Christian Rosenkranz (VARTA) "Plug-in Hybrid Batteries" EPRI workshop at EVS20

図11. Battery life depends on SOC swing range

寿命が低下する傾向がある。このように実際のアプリケーションやシステムでの使われ方、使用環境によっても寿命の値は大きく変わってくることとなる。

　安全性に関しても、当然のことだが、車両では携帯電話と異なり1セルのみでシステムを実現するわけではなく、セルを直列及び並列に繋いだモジュールを構成して、そのモジュールをいくつか組み合わせてパックとして車両に搭載する。この時にモジュール及びパックでの安全性を要求されることとなる。図12にはリチウム電池のモジュールでの耐類焼試験についての例を挙げている。セル単体で問題なくてもモジュールで類焼すればNGとなる。この場合、セル間の隙を大きく取り、耐類焼性を向上させる事は可能だがモジュールでのエネルギー密度、出力密度を低下させることとなる。

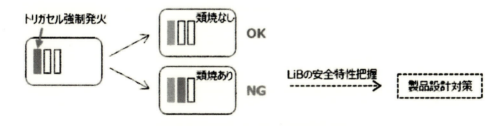

図12　リチウム電池耐類焼試験

4 次世代二次電池（電力貯蔵装置）の現状と課題

最後に次世代型と言われている二次電池について述べていく。図13には、現状のリチウムイオン電池や次世代型と言われる全固体電池やリチウム酸素電池も示している。全固体電池でもエネルギー密度は1000Wh/kg、リチウム酸素電池でも2000Wh/kg程度である。前の図8にも示したが、ガソリンは10000Wh/kgに対しても全固体電池は1/10である。オールジャパンで推進しているLIBTEC（技術研究組合リチウムイオン電池材料評価研究センター）でも全固体電池のエネルギー密度の目標値は800Wh/Lである。更なるエネルギー密度の向上が大きな課題となる。

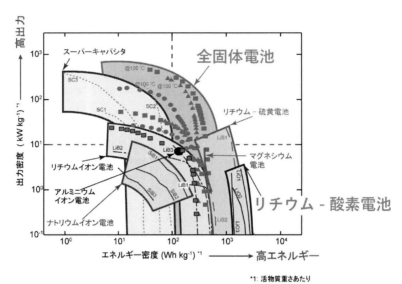

図13　各電池のRagon Plot（東京工業大学提供）

また、前項の現状の電池性能でも述べたが、温度特性、寿命、充電受け入れ性なども今後明らかにする事が必要と思われる。しかも、ボタン電池レベルではなく実際のセルレベル、モジュールレベルでの検証が必要となる。ただ、充電受け入れ性だが、これはインフラ側の電力供給能力に依存するので、それに合わせた評価が必要と思われる。参考として、限界試験的に高い充放電レートでの信頼性評価はあってもいいと思う。

最近の状況からの課題としては、LCAを踏まえたCO_2排出量が問題となりつつある。2023年には欧州で製造工程から排出されるCO_2排出量の規制が加わる動きがある。要するに車両のCO_2排出量にWell to Wheelの考え方があったように、車両の各構成部品にもその考え方を当てはめてTotal CO_2排出量を明確にしようという動きである。ここで、問題となるのが、電池の製造時に発生するCO_2排出量の多さである。マツダやIVLスウェーデン環境研究所のレポートによれば、35.8kWhリチウム電池搭載の電気自動車では車両製造時のCO_2排出量はガソリン車の約2倍、75kWhリチウム電池搭載の電気自動車ではガソリン車の約4倍と言われている。また、どこで作るかによってもLCAのCO_2排出量は異なってくる。図14には主だっ

た各国の電力ミキシングによる電池製造時のCO2排出量の最小と最大が示してある。[12] この図からはスウェーデンでの電池製造が一番CO_2排出量が少ない、ノースボルトがスウェーデンの国策的な企業となっているのは理解できる。

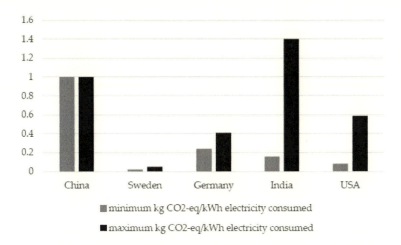

図14. Greenhouse gas emission from different electricity mixes

　このような状況から、次世代二次電池として従来のエネルギー密度、出力密度、安全性、充放電サイクル寿命など基本的なアイテム以外にも前述のCO_2排出量や、目指すべきアプリケーション・システムも見極めながら開発を推進する必要性がある。

　個人的な見解だが、各エネルギーの本質に沿った開発が必要なのではないかと思う。例えば、電気は貯めるのが苦手なエネルギーなので、貯めるデバイスはできるだけ少なくしてアプリケーション・システムを構成させるのが、LCA CO_2排出量やコストの観点からも良いと思われる。小容量の電池で、ちょこちょこ充電（ワイヤレス給電）しながら、いざという時には小さなバイオ燃料の燃料電池がカセット式に搭載されている。となると、電池にはエネルギーよりも出力密度が求められる可能性が高い。

　次世代と言われる二次電池はアプリケーション・システムとセットで、インフラ能力やLCA CO_2排出量も含めた全体を見ながら、迅速に開発を進めて欲しいと願う。

参考文献

1) T. Matsumoto, N. Watanabe, H. Sugiura, T. Ishikawa. "Development of Fuel-cell Hybrid Vehicle", the 2002 SAE World Congress, (2002).

2) T. Ishikawa, M. Furutani, M. Yokota. " Development of AC propulsion system" ,The 10th International Electric Vehicle Symposium , (1990).

3) 堀洋一、寺谷達夫、正木良三編集 , " 自動車用モータ技術 ", 日刊工業新聞社出版 , (2003).
4) S. Sasaki, T. Takaoka, H. Matsui, T. Kotani. "Toyota's Newly Developed Electric-Gasoline Engine Hybrid Power train System", The 14th International Electric Vehicle Symposium, (1997).
5) T. Ishikawa, S. Hamaguchi, T. Shimizu, T. Yano, S. Sasaki, K. Kato, M. Ando, H. Yoshida. "Development of Next Generation Fuel-cell Hybrid System", the 2004 SAE World Congress, (2004).
6) T. Ishikawa, H. Yoshida. " The consideration of energy storage for hybrid vehicle", The 1st International Conference on: CESEP'05 Orléans, France October 2-6, (2005).
7) M. Komatsu, T. Takaoka, T. Ishikawa, Y. Gotouda, N. Suzuki, T. Ozawa. "Study on the potential benefits of plug-in hybrid system", the 2008 SAE World Congress, No.2008-01-0460, pp.117-125, (2008).
8) 山田真、小垣圭司、関森俊幸、石川哲浩．"EV コミュータ 'e-com' の紹介 ", Toyota Technical Review Vol.47,(1997).
9) 石川哲浩, " ハイブリッド車用電力貯蔵装置に関する考察 ", 炭素材料学会誌, No219, 249 頁 -254 頁 , (2005).
10) Sangtaek Han , Jungpil Park , Tetsuhiro Ishikawa. " Design consideration on a 10kW hybrid energy system ", the Korean Institute of Power Electronics, Vol.2013, No.7, pp.78-79, (2013).
11) 鎌内正治、逗子敏博、木津賢一、森内健、御書至 , " 低温・ハイレート型リチウムイオン電池の開発 ", 三菱電線工業時報 , 第 97 号 , (2001).
12) E. Emilsson , L.Dahllof. "Lithium-ion Vehicle Battery Production, Status 2019 on Energy Use, CO2 Emissions, Use of Metals, Products Environmental Footprint, and Recycling", IVL Swedish Environmental Research Institute, Report number C444, (2019).

第4章　次世代型二次電池の車載応用の現状と課題

次世代二次電池の開発動向、
課題、将来展望

発行 令和4年 3月15日発行 第2版 第1刷

定価	44,000円（本体 40,000円＋税10％）
発行人・企画	陶山正夫
企画編集	陶山正夫
制作	株式会社クロタキデザイン
発　行　所	株式会社AndTech
	〒214-0014　神奈川県川崎市多摩区登戸1936
	ウッドソーレ弐番館104号室
	TEL: 044-455-5720　　FAX：044-455-5721
	URL：https://andtech.co.jp/

印刷・製本　　倉敷印刷株式会社